U0099084

金塊文化

金塊文化

金塊文化

金塊文化

# 美容沙龍創業一本通

**創業新手**的指導方針
**經營者**的體檢手冊

資深
美容企管顧問
**余秋慧**
著

# Contents

## 創業實戰篇

### 軟硬體相關規劃

### 開業與展業



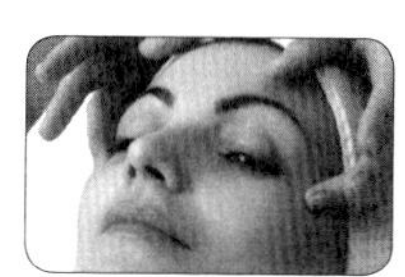
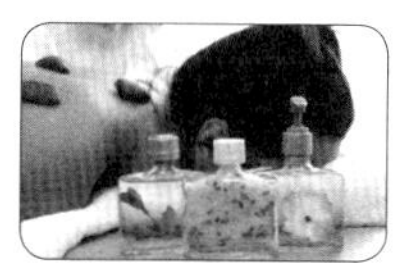
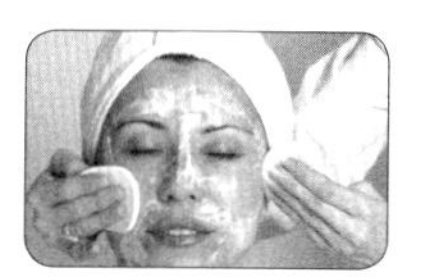

## 經營管理篇

### 美容業經營現況

Contents

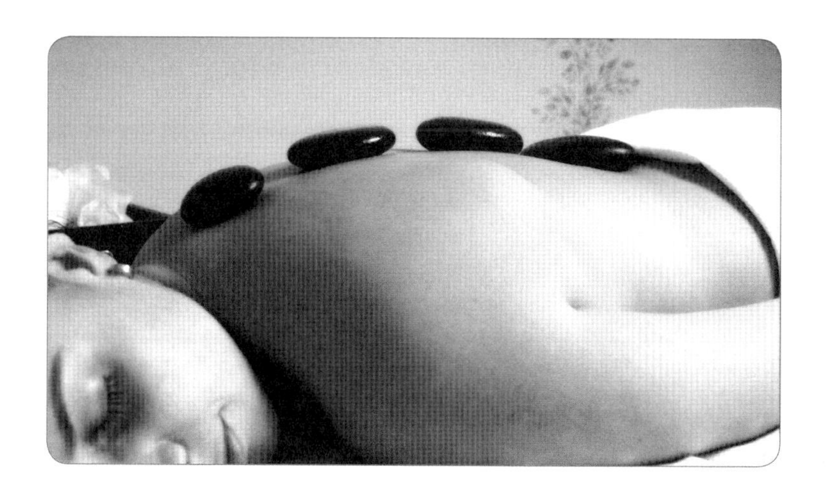

## 推薦序一

人生不過數十寒暑，每個人依據自己的價值觀，各自在不同的方向及環境之下努力。而我就是把自己人生中最精華的時段，全心全力貢獻在跟美容相關的事業上，並且長期深耕，一路走來，除了為業界栽培出數不清的人才之外，為了能更具體的推動人才的成長，也成立了大大小小的社團、主辦過十多屆的選美活動、美容美髮、指甲彩繪、新娘秘書等競賽，協助政府及大專院校推動各式的研習課程，並活躍於兩岸的美容交流活動。

這麼多年的努力，其實早已超越個人成就的考量，向來相信人和人的互動、緣份和友誼，更相信一個人若發出善念，自己會得到最多的祝福，所以除了美容相關的事業之外，也投身在多項宗教、公益事業的協同推動，這是一個企業人對社會能做的正面示範。

余老師亦深耕美容事業，難能可貴的是她不藏私，把這一切原本僅在業內傳授或師徒相授的專業知識，轉化成一般人都能理解的文字，邏輯清楚、條理分明，若有志於美容業者，肯定能從其中獲得專業知識及落實經營管理的架構。如果美容界的經營管理者都能擁有此胸懷，相信台灣整體美容業的發展必定更加科學與進步。

本書針對美容沙龍創業前的準備工作、創業後的經營管理及各項行銷策略，有深入淺出的分析與介紹，對於無論是初創業或已創業者，均能提供具有價值的參考，而一般的讀者亦能從中了解創業的來龍去脈，我誠摯地向讀者們推薦本書。

郭貞伶

（中華醫事科技大學兼任講師、高雄木棉花小姐選美會長、高雄木棉花媽媽、台灣媽媽選拔大會創辦會長、台灣盃、高雄市長盃全國美容美髮技術競賽大會會長、台灣模特兒推廣交流協會、台灣新娘秘書協會、高雄市整體美研究會、中華民國美容美髮諮詢協會理事長）

# 推薦序二

經營美容事業近二十年，自許為一個幸福的傳遞者，因此我們創造了一個幸福的企業環境，提供幸福的產品和服務，來感動每一位期待得到幸福的女人。

創業是一份感動的傳承，更是發揮正面影響力的最佳方式，路途雖然顛簸起伏，但是成功的榮耀永遠是屬於堅持到最後一刻的人，雖然我們已培養出數千位技術卓越的美療師、數百位年薪百萬的美療師，但不曾以現況自滿，不斷的追求突破與提昇；因為人不能給出自己所沒有的東西，所以我們會一直走在前面，樂於當一個給予者。

余老師是難得的美容專家，多年的經驗讓她擁有深厚的內力，能說能寫，且擅長於資源整合及美容SOP的規劃，除了能給予企業及領導人所需要的協助之外，更重要的是有一股令人感動的熱情、磁力與直覺的穿透力。

一直很好奇是怎麼樣的靈感，能夠讓她的著作一本接著一本問世？為什麼經常會有讓人驚嘆的「神來一筆」？原來這一切都是她時刻保持覺知，平衡、平靜、自然、真誠、純淨的生活觀，把自己當成一個翻譯生命及真理的載體，難怪能夠擁有源源不絕的創作能量。

這真是一本太棒的作品了，誠如余老師所言「企業的成功，乃是正確的『格局』加上『格式』的結果」，而本書正是提供了可供企業參考及作為檢視使用的「格式」，相信對於有心美容事業的朋友會非常實用。出版在即，我寄予無限的祝福與肯定，也希望讀者們都能從中獲得成功的能量。

呂耀華董事長、顏鳳嬌執行長

（悅之容集團/黛寶拉股份有限公司/名流湯村溫泉會館/名流水岸休閒餐廳）

## 推薦序三

「服務能力」是經營管理一家美容沙龍成功與否的關鍵因素，坊間各有關美容行業經營管理的著作，幾乎也都會論及此要素，但卻無法像本書作者余秋慧老師論述得如此深入淺出，實務細膩，將美容事業經營的基本功夫，一一完整陳述，看到此書就好像看到一本營運計劃，您只要照著書內所提的方法去操作，把它當作工作手冊般逐步去落實完成，您的美容事業一定可以更快速邁向成功。

美容產業這幾年在台灣的發展相當蓬勃，不過正因為缺乏較有系統的正規美容經營管理教育，所以大多數經營者都是靠自我摸索，或從失敗中學習經驗，要不就是透過不同廠商的課程教育來發覺經營的方法。不過看似簡單，投資金額又不需很大的美容事業，要做得好其實並不如想像中容易，因為一位成功的經營者除了要維護自己的身心健康外，還要具足銷售活動、專業技術、經營管理等能力，並且在人際關係、通路發展上更要不斷保持活絡，對外資訊收集敏銳度亦要很高，如此才能在競爭激烈的環境中，永遠保持高度經營績效。秋慧老師常提及「修身、齊家、治國、平天下」，一語道破了許多美容事業經營者的真正盲點。當一身投入事業時，往往在忙碌衝刺事業中，忘了自己的修鍊才是一切事業的根本，而非只是不斷往外求人才、客人、資金、資源。唯有把自己擺「正」了，這個事業、世界才會跟著「正」，而你就會吸引到更多「正」的人來一起成就美容大業。

您把自己擺「正」了嗎？相信您看了此書之後，不「正」都難，因為此書將會陪伴您，協助您，不斷提醒您，直到您修「正」成功為止。與想在美容事業成功的您，透過本書一起共勉。加油，好人看好書哦！

林相達

（龍達A&B化妝品有限公司總經理）

事業有很多種，每一種事業表面上看起來似乎都不相同，但是，成功事業背後的潛藏道理是一樣的。一個人若能發現自己在事業上的「真命天子」，並傾全力去付出，這應該是人生中最幸運的事了。熱情加上正確的方法，大大的提高成功的能量。本書揭露的正是這個核心。

有別於一般創業書籍條列式指出事業成功的要素，本書更為重視的是觀念上的導引，尤其在前言所提：成功的事業需要先天的「格局」加上後天的「格式」，讓人能更清楚自己的事業應如何運作，若是「格式」有問題，就從格式來修正，書中提出一個成功美容事業應有的格式，創業者能清楚從中檢視；然而，若「格局」有問題，就必須要擴大視野、增加生活體驗、覺察生命的深度，更重要的是透過閱讀等各式各樣的路徑自我充實，耐心等待因緣成熟。

近來接觸從紐約大學表演藝術研究所引進的表演式應用行為訓練系統，我發現這正是我事業上的「真命天子」，於是毅然將它引進雲嘉南地區，也算是正在創業的新鮮人，對於本書所述之觀點十分讚賞，在此推薦給每一位將創業或是已創業的朋友，希望大家都能從中獲得啟發，也祝福余老師出版順利，嘉惠更多創業人。

李佩玲

（橙智藝術教育事業集團嘉義旗艦教育中心執行長、台灣省諮議會諮議員）

## 推薦序五

美，是一件令人賞心悅目的事。我努力的美，是將台灣本土歌仔戲文化藝術提昇為美學歌仔戲，而余老師努力的美，是以筆為工具，透過文字的敘述，讓人對於皮膚及外觀的美，有著不同深度的認知。

文化藝術表演因環境變動快速，應積極地走向精緻化、國際化，表演藝術團體更要趕上瞬息萬變的科技和表演藝術市場的演進；而美容創業屬於商業行為的服務業，面臨的挑戰更多、更嚴峻，不但要跟上時代，更需帶領時代風尚，對未來有更宏觀的遠見。

當一個人或一個事業體在茫然無助時，貴人的提攜宛如一盞明燈，可以讓我們看清方向目標，並且產生繼續走下去的力量。而天助自助者，有時一本淺顯易懂又實用的書，就會是你的「貴人」。

和余老師相識於為新住民所開設的創業課程，新住民遠渡重洋來到台灣，她們的「創業」除了開創事業之外，更進一步來說，是重新開創另一段人生，因此面臨的挑戰與適應比一般人更多、更重；而余老師生動活潑的內容，踏實認真的教學態度，對於她們在創業上的協助，讓我們有更多的互動、交集和感動。欣聞新作出版，我衷心推薦。

陳真真

（嘉義市外籍配偶關懷聯誼會總幹事、嘉義市傳統文化與技藝協會理事長、
仁友鄉土文化藝術營團長、仁紅歌仔戲研習營創辦人）

自從1989年開始接觸美容、1992年創業，算算跨進美容界竟然已有20多年。這20多年來，從僅是玩票性質的學習、因緣巧合之下創了業，之後跨進美容教育、成立加盟連鎖事業，到幾乎把美容事業當成唯一全力去拚搏，過程雖然辛苦，但也練就了一身好功夫，無論是下現場為顧客服務、美容教學、創業輔導，到指導大型動態舞台秀、製作廣播及美容電視節目等，這些看似不相關的領域，完全用美容將它串聯了起來，產生了最佳的「梅迪奇效應」，現在憶來可謂頁頁精彩，但也頁頁血淚。

由於，努力過必留痕跡，我除了見證自1989～2011年間美容界的成長史之外，這些過程在後來竟變成了業界少有的完整資歷，對於美容產業鏈的上中下游能多所掌握，尤其專精於美容事業的垂直整合。

創業是一個種子的發芽，它是一個開端，而經營管理是一門永遠無法真正「畢業」的課程，因為事業在不同的階段，會面對不同人事物的挑戰，所以也需要不同的工具來應對。近幾年由於機緣成熟，開始將美容事業相關的點點滴滴，包括皮膚保養、醫學美容、保養品、美容業的經營管理等知識及技能文字化，筆耕原本是個用來「自我回歸」的過程，也只是單純想將過去的所學、所知貢獻出來利益大眾，但近來卻發現原來我所經歷的一切，正是某些人所急迫需要的，尤其是一些業界老闆們。因此，再次跨越自我，成為顧問及教練，協助這些老闆規劃大型美容事業及高階主管走出經營盲點，順利達陣。

人生確實有很多的十字路口，我們每天、每分、每秒都在做選擇，但有多少人能勇氣十足的放棄自我，對未知的一切SAY YES？我無法對任何人承諾任何事，但我盡力的無愧於當下每一個剎那所做的每一件事，甚至於每一個起心動念。而未來，不就是每一個現在所組成的嗎？

## 前言

美容業是一項充滿「奇蹟」的事業，它可以小到個人化、家庭式，也可以大到成為創造數百億年營收的跨國企業，所以，總吸引了無數懷夢者前來淘金。

由於門檻低，追求永恆美麗容顏者眾，所以無論是什麼規模，都不致於沒有客戶，但這並不代表美容業的經營很容易，看看那些為數眾多的中小型沙龍或是化妝品品牌成功轉型者有多少？這些中小型沙龍/品牌，可能創立了一、二十年都是「差不多」的規模，沒有更大，也沒有變小，就是卡在那兒。為什麼呢？

創業，無論是什麼業種，必須要兼具「格式」＋「格局」才能成功。

「格局」由一個人的個性、眼界、心胸、教育、成長環境、心靈層次等所組成，是一個人的氣度與本性，通常屬於「先天條件」，像是許多我們熟知的大企業家，雖然出身微寒，但先天的膽試、勇氣與眼光，讓他們赤手空拳創造出事業王國，是一種成功者的「內力」。

「格式」則完全是由後天的努力所營造。你要創業，就必須要符合創業的「格式」，也就是規矩、邏輯、企畫、執行、架構等我們熟知的「外力」，若能一步一步照表操課，總會達到某種成績、某種規模。但是缺乏「格局」，徒具「格式」的企業，必定會產生瓶頸。無論「格式」多麼正確，「格局」愈小，瓶頸愈快產生。

但是，擁有「格局」的大器企業、大氣老闆，跟大器、大氣的員工一樣「可遇不可求」，那有心創業者怎麼辦呢？只好從正確的「格式」著手。本書就是提供美容創業者一個較可能成功的格式，從創業的準備開始談起，並提示經營管理及行銷策略的各項細節，讓初創業者能有所依循，已創業者當做「結構補強」的參考。

很多人以為創業之後，無論規模大小，總之就是個「老闆」，既不必給人管、更不必看人臉色，是一種「自我感覺良好」的生活方式，最後才發現，要看更多人的臉色、讓更多人管。提醒你：「老闆」是在「你」之外獨立的一種身份，既然創了業、製造了另一個「人」，它必享有相對的權利和承受應盡的義務。原本的「一個你」變成了「兩個以上的你」，所以壓力增加了、開銷增加了、權利變多了、義務變多了、需要付出的時間也變多了，所以這其中的一個你，勢必侵蝕到另一個你，這兩者之間的協調，將嚴重影響到你對生命的看法和安排。這時，如果你找不到兩個你之間的平衡點，就容易導致失敗。

創業者除了正確的「格式」之外，最重要的就是隨時保持平靜，因為當你平靜了，心思、情緒就會更加清明。而經由覺知產生的行動，就會是你要的有效行動。在創業的過程中，只要整合你所擁有的各項資源，再以正確的方式紮紮實實的努力，就能把創業成功的夢想化為「可能」、「可行」的真實活動。

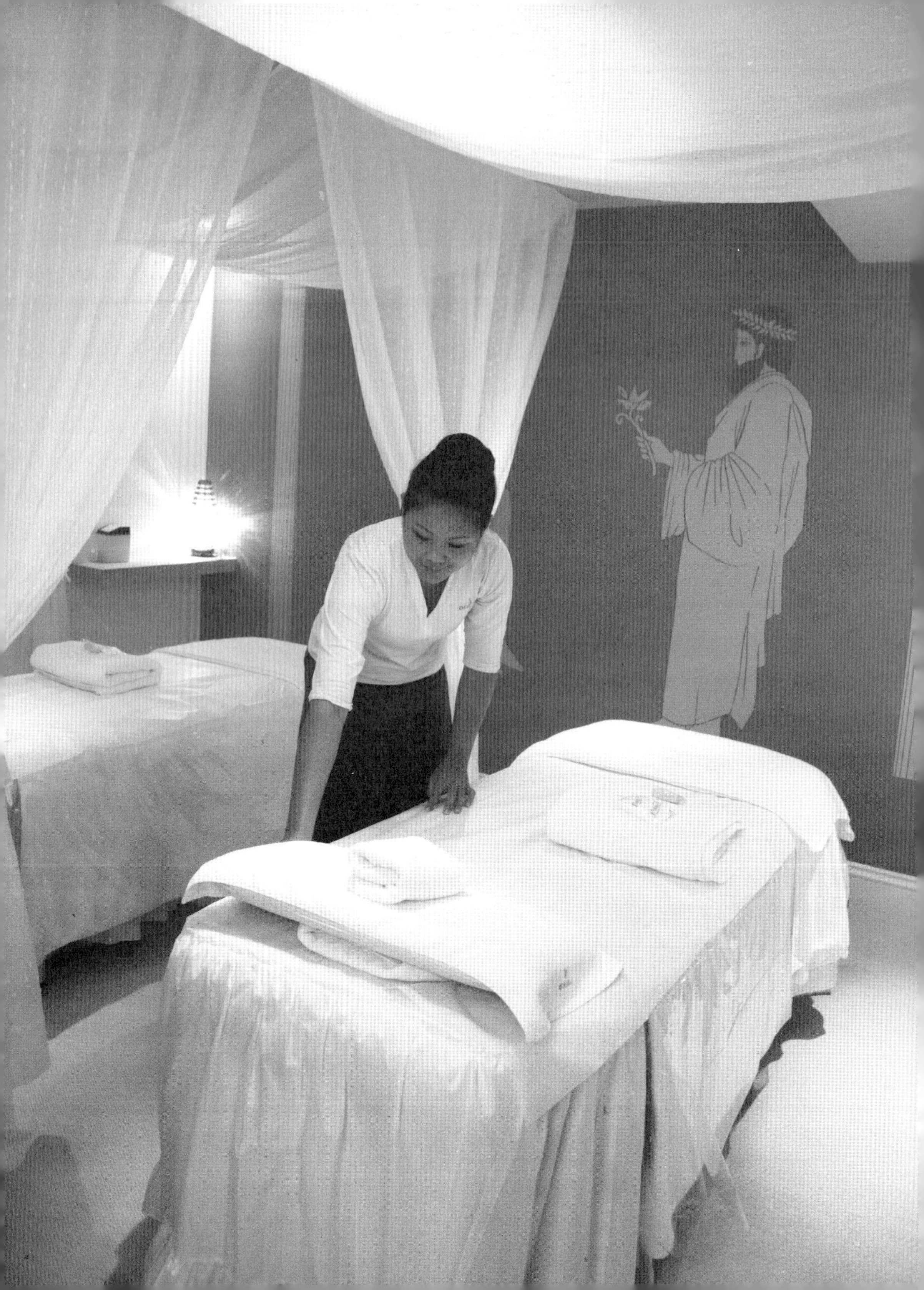

美容業入門篇

# 第1章 你適合創業嗎？

## 1-1 賭博總是莊家贏！

在創業課程上，第一節課我問：「認為創業是一項賭博的請舉手？」幾乎全部學員都舉起手來。（我在心裡驚呼！）

「既然是賭博，那請問誰是莊家？」我再問。

莊家？誰是莊家？大家面面相覷！

原本應該好好規畫，做好各項細節與準備才可以開始進行的「創業」，普遍被認為是投機、賭博、下賭注……，難怪台灣現在有很多奇怪的東西，都被拿來當成加盟事業的主要商品，但最不可思議的是：還真的有人去加盟！

就因為許多人對創業一無所悉，故認為風險很大；風險大就會讓人感到無法掌握，自然產生不安全感，由於這種不安類似於賭博的輸贏，所以才讓大家認為「創業像賭博」。

擅於逆勢操作、眼光精準獨到，且經常把雞蛋放在同一個籃子的股神巴菲特說：「風險來自於無知」，他只有一個本業——投資，手上操盤的基金，其規模和獲利，讓他從1993年開始，不斷向世界首富的高峰邁進。如果是一般人，把這麼大筆的金額交給他操作，恐怕早就嚇破膽，哪還能老神在在的告訴世人：風險來自於無知！

創業真的像賭博嗎？既是賭博，結果就是「十賭九輸」；那誰贏走了呢？當然是莊家！而你事業的莊家是誰？如果你是一人小店？如果你是網拍SOHO？如果你經營的是一家泡沫紅茶店？你事業的莊家到底是誰？

不管你開什麼店、賣的是什麼東西，簡單一點說，莊家就是制定遊戲規則的人！

接下來進入主題——美容業，目前存在於創業市場上最大的「族群」（非「營業額」），就是小型沙龍，而這一大群小沙龍的老闆就是「散戶型莊家」，各自據地為王、模仿、競爭，但這一群莊家，有好好地制定遊戲規則、好好玩這場遊戲嗎？

看看市場上的美容沙龍，「莊家」當得好的並不多，我所觀察到的大部份情況都是被顧客牽著鼻子走，顧客說怎樣就是怎樣，所以「反客為主」，顧客總是最大的贏家。

「傾聽」顧客的聲音是一定要的，但業者也要懂得分辨這些聲音是

否為「雜音」。每位顧客都有獨到的見解及喜好，但沙龍店家也應該有自己經營的特色和原則，若是市場的聲音都照單全收，最後必定會落得「父子騎驢」的下場。

「要怎樣能不必全聽顧客的，但又不會得罪顧客？」在回應這個問題之前，老闆們請先回答下列幾個簡單的問題：

1.我適合開店嗎？我適合當老闆嗎？老闆、主管和員工之間，有什麼差別？

2.我的特色是什麼？我的美容師/員工的特質是什麼？我的店/產品/療程的特色是什麼？

3.主推的商品、課程、店面所在地和上述的特色能結合嗎？

我們來假設幾個情況，如果沙龍的特色是「臉部護膚很專業」，但為了增加來客率和消費項目，辦了一個效果差強人意的「身體按摩體驗」，顧客體驗後的結果可想而知。

或者，沙龍位在二樓以上，特色是安靜、安全有隱密感，流動顧客原本就較少，但店家為了增加營收，花了大把鈔票去做店面行銷、辦活動，結果會如何？

又如果沙龍的主要顧客為大專院校老師，但為了覬覦較大的客流量，於是設計了學生消費群體驗方案，讓老師和學生同時出現在沙龍裡，老師就躺在學生旁邊，全身光溜溜、赤裸裸的做身體按摩，結果當然又是兩頭空！

李家同教授《一切從基本做起》一書，主要談的是教育的問題，其中有一段話，在你創業前可再三想想：「一切從基本做起，這本來應該是天經地義的事，可是並沒有人喜歡聽。理由很簡單，因為這種做法是相當不耀眼的……所以我們必須回歸基本面，從最基本的地方做起，打好基礎，如此一來努力才不會流於泡沫化……。」

創業失敗大多是「基本」出了問題。看過名廚阿基師的烹飪技巧，就知道好菜並不是花招多、過程繁瑣，而是實實在在的用料、確確實實的烹調；而美容師的技術與經營不也是如此嗎？很多客人遺憾地說，她們不需要奇奇怪怪的療程，也不在乎現在最夯的美容法是什麼，她們只想體驗美容師最專業的分析、最溫柔舒適的手法，「但現在似乎很難找到這樣『單純』的美容沙龍了！」她們輕嘆。

親愛的老闆，你的沙龍根紮得既深又穩嗎？還是花招太多了？美容永遠有市場，就看你要不要老老實實努力去經營。

有些人在創業前未經過深思熟慮，貿然躁進，這樣或許有機會成功，但是難以長久。創業是一連串有計畫的行動，而非賭博，創業者應將事業當成是自己身心靈的一部份，好好在每一個階段思考、學習、成長。清楚創業的原因與市場的需求，繼而擬出事業發展的藍圖，排定短中長期計畫及先後次序，知道何時該以何種面貌在市場出現，何時該衝、何時該守，如此才能接近成功。

所以，若你仍想把創業當賭博，請先掂掂自己的斤兩，分析賠率、勝算有多少，再看看局勢是否為進場時機；如果在看完本書之後，你驚覺自己沒有能力制定遊戲規則、扮演莊家，那就找一個有健全規劃的莊家，比如連鎖型沙龍或是有行銷規劃能力的品牌保養品、儀器公司，幫助你贏得這場創業大戰吧！

# 1-2 創業前的準備

美容沙龍初創業，要想讓營運儘快上軌道，須注意兩大重點：後台管理與前台作業。

人員穩定是店家經營最大的關鍵，也是「以人為本」的美容事業能夠長期發展的首要條件。美容師數量可以不必多，但在技術及專業度方面一定要「嚴選」，顧客的經營管理尤需建立預約制度，除了可將顧客集中，營造生意很活絡的表象，也可避免突然造訪的顧客讓店家手忙腳亂，造成服務不周等缺失，而這些都關係著顧客對沙龍的第一印象與評價。

一家美容沙龍的經營管理有很多要項和細節，既是「細節」，必定是在你平常注意不到、或是容易忽略的小地方。在各家店表面看起來都金光閃閃的時候，唯有在正確的細節上下苦功，才能留住顧客，並且幫你傳播優良的口碑。創業成功在於經營者能抓到重點，那麼，重點是什麼？要如何掌握呢？

首先，一定要給美容沙龍清楚的定位，才有可能把它做好。有些人沒有正確的定位，哪裡有利就往哪裡鑽，到最後，一家店裡賣衣服、賣彩妝、賣健康食品……弄得四不像。帳面營收看似增加了，但是其實各項進貨成本也同時增加了，所以算起來還是白忙一場。

商場鐵律「知己知彼，百戰不殆」，說的就是「認識自己」的功夫。身在美容業，如果連自己的店「可以做什麼」、「不能做什麼」都不清楚，資源和能量被分散，發展必定很快會遇到瓶頸。而病急亂投醫

的下場，就是病得更重了。

創業成功的人，想的、做的必然和一般人不一樣。有些人尚未準備好就貿然投入創業行列，較幸運者跟對潮流，一下子賺得好幾桶金，但最終也將因為根基不深，於是又隨著流行風潮消退，而將獲利回吐。

為什麼會這樣呢？主要的原因在於這些創業者並沒有足夠的能力去經營一個事業，在事業成長的過程中，各種經營困境及轉型挑戰紛至沓來，若沒有足夠的能力和智慧來應變，就會隨著流行風潮起伏，最後消失在市場上。

成功來自於各種因緣的成熟，若勉強而為，在經營遭逢人才不足、能力不夠、市場變化太大、消費者口味變化太快等任一狀況時，都可能會成為壓垮駱駝的最後一根稻草。

相對而言，那些準備好的人，對自己的經營能力、創意和未來充滿信心，對於實務的經營、服務、待客之道等，也都下足了苦功，雖然跟著流行風潮而起，但是在流行風潮退去之後、危機出現之際，他們還是能在很短的時間內應變、轉型，憑藉著創意、運用適切的方法及步驟，努力不懈，不但能把流行風潮所導致的業績衰退局勢穩住，甚至能跳脫流行風潮的原型，順利地脫胎換骨成為另一種營業型態或方式。

# 第2章 認識美容服務業

## 2-1 美容服務業發展史

回顧台灣的化妝品產業歷史，呈現了台灣社會經濟起飛過程中的消費文化，雖然不是直接描述美容服務業的演進過程，但可以讓我們更了解消費者需求的轉變，與見證美容服務業發展的歷史。

### ■1950～1980年代

台灣的資生堂公司在1959年以日本授權、在台製造的方式成立，成為台灣第一家有規模的化妝品公司。

1964年，美國蜜斯佛陀進入台灣市場；接著1968～1970年間，日本的奇士美、佳麗寶及國產自製品牌美爽爽相繼進入市場。

1970年代以後，由於國民所得提昇，女性就業比率提高，生活型態轉變，使得女性對於化妝保養的重視與需求逐步提升，也重塑了美容的社會意涵。

這個階段的美容消費著重在化妝保養品的購買與使用，尚未發展至對護膚美容服務的需求。

### ■1981～1990年

1980年以前，台灣政府全面禁止化妝品進口，故使用歐美品牌的化妝品是少數人的特權。從1981年起，政府開放化妝品進口，因此開始有進口商代理引進外國品牌，但仍要負擔高額關稅，價格高於國產化妝品二到三倍，故進口化妝品仍代表著地位和時尚的表徵。

1985年1月因經濟自由化的壓力，迫使化妝品進口關稅由85%降到55%，於是有更多外商品牌在台成立分公司。而在此時，國內也陸續成立了詩威特（1981）、雅聞（1982）、自然美（1984）、菲夢絲（1987）等具規模的美容服務業。

在從業人員的社會地位方面，由於美容保養品在1980年以前是具有一定社經地位人士才能享有的奢侈品，「美容師」這個行業對許多的年輕女孩而言，是一份充滿吸引力的工作。當時的美容業，對美容師的皮膚、身高、美貌等外型要求十分嚴格，在社會大眾眼裡，其進入門檻是跟空服員要求相仿的時尚行業。

然而，隨著國外化妝保養品大量進口、行銷據點與日俱增，百貨公司及賣場的專櫃紛紛設立，相關行業人力需求大增，故就業門檻相對1980年代以前降低很多，美容師不再有過去的光環，甚至被認為是低層次的行業，學歷高、條件好的女性自然不願意從事，也導致人力資源素質低下的現象。

此階段國人對美容服務業的需求日漸浮現，因為購買保養品的消費者增加，所需要的服務也隨著增加，許多化妝品專櫃的業者在櫃檯內附設簡易的美容服務設備，為購買保養品的顧客進行保養服務；而專業的美容服務業為了和保養品銷售業者有所區別，便創造了許多不同的美容服務，使消費者除了購買保養品自行保養之外，也可更進一步將保養交給服務人員（美容師）處理。

■1991～2000年

全球資本主義的蓬勃發展，促使1990年代後期成為化妝品市場的戰國時代。隨著市場飽和、進口品牌大增、國產品牌大量加入戰場、通路多元化、削價等因素，使市場競爭白熱化。

1990年代後，隨著經濟發展、需求增加，美容業競爭激烈，各公司為了建立品牌與形象，開始拋棄以往價格戰、強迫銷售的競爭方式，轉而強調「專業」和「服務」，美容服務業才又漸漸被定位其專業形象。

而此階段美容業者的行銷策略是建立品牌、區隔市場、以及創造專業形象，各種國內外新研發的生化科技產品、改善肌膚的神奇配方等，更成為廣告宣傳中的最佳賣點。

在美容服務業部分，消費者已慢慢建立到專業美容沙龍接受保養的觀念，化妝品專櫃中簡陋、不具隱密性的服務及設備已不能滿足消費者的需求，故美容業者從事銷售和服務的類型又漸漸地區分開來，許多專櫃便撤除了簡易的美容服務，開發多樣化商品專事銷售；而美容服務業者恰好搭上股票及房地產景氣高漲的順風車，提供豪華的硬體設備、親切及多樣化的服務，使台灣美容服務業務達到超越歐美高級美容服務中心的境界。

## ■2001年以後

醫院、皮膚科加入美容市場，將美容業推上一個截然不同的發展階段，醫生和美容業者聯手突破了「醫生是醫生、美容師是美容師」壁壘分明的界限，從各自為政到建立起共同的事業平台，這由目前愈來愈多的診所、醫院附設美容沙龍、醫師考美容師執照可以得到佐證。

專業的皮膚科醫生，在消費者心理多了與美容服務業者大不相同的光環與信賴感，提升了產品的無形價值。因此，無論是國人自行開發或是由國外進口，都受到消費者的喜愛，也蔚為風潮。

另外，護膚需求已從單純的臉部保養提升到身心靈的全方位體驗，即「SPA」。SPA講究氣氛，所以使得美容服務業者更加強調硬體設備，市場上常見的有自然田園的峇里島風、濃郁泰式的南洋風、高級時尚的法國優雅風、藍天白屋的希臘風等，業者用心將各地的特殊景觀投射到一間間的VIP室裡，讓消費者同時享受著視聽味觸嗅的五感六覺奇特感受。這也是自2001年以後，市場上相當受歡迎的經營模式。

另外，行銷通路戰開打，網路、電視購物頻道24小時同時播放，化妝品DIY風潮的席捲，讓美容市場的競爭更加熱絡及多元化，也造成了經營的壓力及瓶頸。

# 2-2 美容服務業的分類

美容市場牽涉的範圍大且龐雜，若以美容存在的方式而言，可分為有形的產品（美容保養品、化妝品）及無形的美容服務（如護膚保養）。

廣義的「美容服務」，涵蓋以技術導向的放鬆與治療服務，以及以銷售為導向的商品與通路服務，茲將其分類如下：

## ■技術導向（無形商品）

### 放鬆導向

1.美容服務業：美容沙龍、美容坊、美容工作室、美容中心、美容機構等。

2.SPA業者：水療、day SPA、city SPA、hotel SPA、villa SPA等。

3.俱樂部、三溫暖、健身中心的附設美容沙龍。

### 治療導向

1.醫學美容中心：以美容沙龍的名義存在，聘請醫師指導或進行合法範圍內的治療，如低濃度果酸換膚、波長合法的光療、氧療等。

2.醫療院所：醫院或皮膚科附設的醫學美容部門，可進行一般美容或是整型手術、減肥、除斑等醫學治療。

## ■銷售導向（有形商品）

### 商品導向

1.專賣店：還可分為「單一品牌」，如美體小鋪、美體考究等，只販售自家商品的店鋪；及「綜合品牌」，以美容商場的形態存在，販售的物品以美容相關用品為主，但也兼營內衣、日常用品等商品，例如名佳美、sasa、屈臣氏。

2.專櫃：通常附設於百貨公司、大賣場等人潮聚集之處，也有少數附設於服飾店內的專櫃。

3.開架式：超級市場、便利商店等架上商品。

4.藥妝店：藥局附設開架式保養品或專櫃。

### 通路導向

1.電視購物：購物頻道、電視節目的置入性行銷。

2.DM行銷：郵購、DM，常附於信用卡帳單中。

3.網路：無遠弗屆的潛力市場，充斥著大大小小、成千上萬的買賣雙方。

4.直銷：體質較佳的公司，在銷售額及會員數方面，短期內常有倍數的成長。

一個以技術為導向的美容沙龍，可能同時進行銷售導向中的DM行銷、網路行銷、或是以直銷的型態存在；一個以銷售導向為主的專賣店，也可能同時進行放鬆或治療的服務，如果再加上彩妝等廣義的美容服務、考慮經營規模的大小，衍生的交易模式種類將更多、更複雜。

由於消費者對美容保養品的需求增加，故整體美容市場的規模也日益擴大，許多化妝品公司發展成大型企業、跨國企業，並擁有數十億元的年營業額；但美容服務業者多屬於技術服務，而技術首重人力資源的培訓，難以如同商品在短期之內大量複製，故大多仍是屬於中小企業規模。

## 美容服務業的市場分類表

| | | |
|---|---|---|
| 技術導向<br>（無形商品） | 放鬆 | 美容服務業 |
| | | SPA業者 |
| | | 俱樂部、三溫暖、健身中心 |
| | 治療 | 醫學美容中心 |
| | | 醫療院所 |
| 銷售導向<br>（有形商品） | 商品 | 專賣店：1.單一品牌；2.綜合 |
| | | 品牌 |
| | | 專櫃 |
| | | 開架式 |
| | | 藥妝店 |
| | 通路 | 電視購物 |
| | | DM行銷 |
| | | 網路 |
| | | 直銷 |

# 2-3 美容服務業的特質

美容的目的在於增加自信心、改變性格、創造自我魅力；正確的美容法是將潛藏於健康的身體和精神中的美，更加顯現出來，可說是靈性、智慧和藝術的結合，這便是現今流行的SPA所追求的身心靈美容。

美容服務業就是「美容師為了解決顧客對於美化容貌的需求」所產生的行業，其特性可簡單歸納出下列四種：

1.**無形性**：單純的服務並無法從實體的感覺來評估，多數的有形商品，在顧客購買之前可藉由產品的外在特性進行評估；通常在消費或購買前愈難加以評估的產品與服務，消費者經歷的風險就愈大。

美容服務是一種經驗、無形的活動，消費者在尚未接受服務時，並無法像實體商品以其味道、顏色、質感等來判斷服務的品質，只能依照外在的特徵（如人員、設備、價格、形象、品牌等）來衡量服務的成果。服務雖然無形，但它們對品質之滿意度有決定性的影響。

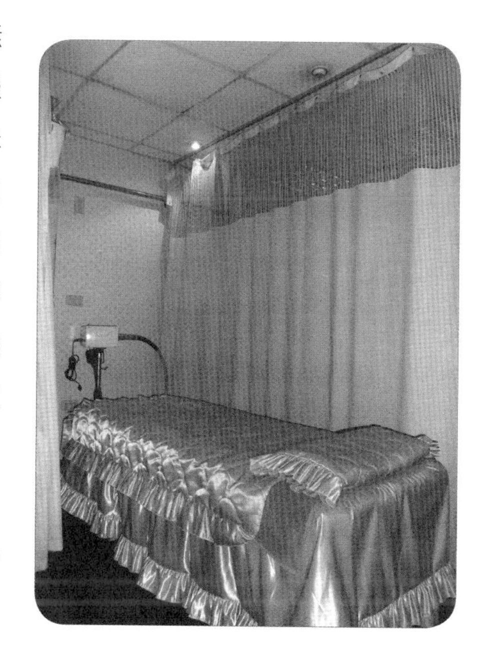

2.**異質性**：又稱為變異性，它包含兩個構面，「生產與原先的標準和期望之差異」與「個別

的顧客所認知的差異程度」。由於顧客在消費服務的同時，也會涉入服務生產的過程，故生產者很難確保符合一致的標準，服務人員必須調整「生產過程」以符合個別顧客的需求。

美容服務業的專業度、規模、價格、服務種類多元化，可提供顧客依本身需求自行選擇；服務的優劣與服務提供者不同而有差異，就算同一位服務提供者亦會因為其身體狀況、疲倦程度、情緒等因素的影響，而使服務品質有所不同。故服務不易維持同一標準，是美容服務業需要克服之處。

**3.不可儲存性**：美容服務受到時間與空間因素的影響，過剩的產能很難以存貨方式調節供需，顧客只能在當下享受服務的品質，離開了服務時間點與地點便無法重來，消費者相對的也不能儲存美容服務，故必須不斷的重覆消費，方能產生源源不絕的市場。

美容服務的不可儲存性，也導致了人力供需的調節問題，因為美容服務提供者必須受過專業訓練、取得證照，才可以為顧客服務，其過程並非短暫的時間可完成；且顧客單次接受服務的時間較長，例如一次的臉部護理（護膚）就必須花費一個半至二個小時的時間，無法任意縮減，若是消費項目多，也可能達七至八個小時以上，而這也是美容服務業的特性之一。

**4.生產與消費同時性**：美容服務的消費者參與了服務的生產過程，並且必須要從事某些行為才能使服務完成。因此，顧客、與顧客接觸的服務人員、公司存著互相依賴的關係，三方均涉入了交易的過程和環境。

有形的商品在送交顧客前，可以進行品質標準的控管，但服務卻是在生產的同時就產生了，因此錯誤以及缺點難以掩飾。且美容服務與顧客的接觸較為私密，屬於高度接觸服務，故通常要建立對公司或是服務提供者有相當的信任感，才願意接受此類型的美容服務。

由於美容服務業與顧客的互動較深入，除了外在服務，也包括傾聽顧客的心事、解決顧客與美容無關的問題等等，通常接受幾次服務、成為主顧客之後，同時也會變成好朋友，這在美容服務業相當常見，也是與其他服務業大不相同之處。

# 2-4 關於美容沙龍

台灣美容服務業的市場發展，由早期一般的家庭式、個人式的小規模經營（如個人工作室、家庭美容），隨著商業型態的轉變，逐漸邁向專業化、連鎖化、大型化、企業化的經營模式，甚至有由財團投資介入經營的趨勢。美容沙龍也從原來單一功能的工作室，發展成為集皮膚學、化妝品學、色彩學、美學、營養學相結合，匯集面部、身體、整體形象於一體的美容服務體系。對於這一行的從業人員，要求他們掌握的不僅僅是傳統的知識，還要求他們的知識結構更趨多樣化，如醫學、環境學、生物學、美學、物理學、化學等。

從「企業經營」的角度來看，美容沙龍是「從事美容相關產品銷售、提供各種美容項目的服務和設備，直接為消費者服務」的企業組織；從「消費者」的角度來說，美容沙龍則是一個出售「美麗夢想」的地方。因此，現代的美容沙龍除了是企業良好的投資標的之外，更重要的是能夠改善人們的外在形象、滿足人們在心理需求後帶來的愉悅享受。

## 美容沙龍的特點

**1.與「美」的高度相關：**美容沙龍所提供的產品、服務及相關的服務，如彩妝、形象設計等，主要都是為人們帶來美的形象與美的享受，並產生美的感覺。

**2.與「人」的高度相關：**美容沙龍在同一時間、同一地點直接為人們提供產品和服務，因此，服務人員的形象、舉止、言談和服務態度、服務技術等，直接影響顧客的情緒與感受，以致於顧客對於美容沙龍在服務態度、服務技術以及人員素質等方面，擁有了更高標準、更直接的要求。而且美容沙龍為顧客提供的服務，除了操作過程中需要一定的工具或儀器設備外，主要是以手工操作為主，因此，對服務人員的技術要求較高，護膚美容、按摩、化妝等，這都需要很高的技術性。

**3.與「時代脈動」高度相關：**隨著社會生活水平提高，人們對於「美」的觀感和要求也不斷改變，而美容業的敏感度自然高過其他業種，不但要在美容技術上精益求精、推陳出新、增加服務項目及各式儀器和產品等，以便能跟上時代步伐。富有時代審美觀念和精湛技術的美容師，早已超越「工匠」等級，是具有高素質、高品味的美麗提供者。

**4.規模可小可大：**美容業是一個具有「點、線、面」發展潛力的事業，由於和人們的日常生活息息相關，因此無論城鄉，都需有滿足不同層次顧客的美容沙龍；在經營者方面，可以是「美容企業」，也可以是「家庭式美容工作室」，這就要看經營者想要怎麼做了。

正因為美容沙龍的創業範圍及顧客族群這麼廣、營業額空間這麼大，成為商人眼中的大餅，因此每個時期都吸引了許多創業者和投資人加入，這也就是不論在城鄉，各種規模的美容沙龍競爭如此激烈的主因了。

## 美容沙龍提供的服務

專業美容沙龍為顧客提供服務的同時，還要營造出滿足顧客需求的環境氣氛，也就是講求身心靈俱足的「五感美容」，因此美容沙龍的老闆們，應該考慮顧客需求與自身能力的優勢，為顧客提供一系列「直達心底」的專業性服務。無論沙龍最終決定的療程及服務項目為何，只要是美容沙龍都必須擁有下列功能，這些功能將是萬丈高樓的地基，沒了這些基礎，樓蓋得再高都有可能遇到風雨就倒塌。

**1.專業諮詢**：要能提供與服務項目相關的所有資訊，愈詳盡、愈專業，愈能取得顧客的信任，美容師應提供美容知識諮詢服務，樹立專業人士形象，因為這是顧客評估沙龍的重要考慮。

以「外行」的顧客來講，就是因為不了解或不懂美容知識，才會需要美容師的協助，她們大多希望從美容師端得到切身實用的美容知識，愈專業、愈中肯的沙龍當然勝出；而「內行」的顧客，多是接觸美容保養品的資深行家，或是已不在業界的離職人員，這些懂得不少的專家原本就不好應付，尤其是喬裝成一般消費者前來刺探軍情的同業，有時會出招到讓生手店家措手不及！能漂亮接招的沙龍將能馴服「內行」顧客，這種類型的顧客穩定度特別高；而「同業假扮」的顧客，雖不一定能帶來沙龍所需的業績，但一家素質良好的沙龍，將會獲得同業打從心底的尊重。

**2.產品、儀器與技術**：這三者是組成一個專業美容沙龍最基本的要素。不能只有精打細算的進貨價格和利潤，只有提供品質好、安全、合格、合適的產品、儀器與技術，才能讓顧客滿意。

有些沙龍只管成本，使用了廉價的產品和儀器，經營的格局感覺「很小器」，吸引來的必定也是貪小便宜的不穩定客群。有些沙龍完全沒有考慮自己的定位和客群，誤以為撒大錢進高檔的儀器和產品，就會帶來很大的利潤和優質的顧客，但無法降低成本的結果，反而被過高的成本給壓垮了。唯有認清自己的專業和顧客的屬性，選擇最合適的產品與儀器，才能創造出最好的結果。

3.**友善的環境與氛圍**：提供安全、安靜、舒適的環境和氣氛，是顧客對美容沙龍的第一印象，只有環境能達到吸引顧客進門的水平，並且讓人在其中感到很自在，才能讓顧客產生進一步消費的行動。

4.**精神層面的「舒壓」**：放鬆身心是許多現代女性接受沙龍服務的主要原因，因此美容沙龍在環境、氣氛和美容服務上，最好能營造一個讓顧客緩解情緒壓力，既享受又能放鬆心情的休閒、充電場所。因此，勿以創造業績為首要考量而對顧客強行推銷，千萬別犯了「呷緊弄破碗」的錯誤。

5.**生活情報站**：美容沙龍必須以美容專業為本，連帶提供各種生活情報，讓顧客感受附加服務帶來的價值，如服飾搭配、化妝技巧、家事訣竅、理財投資、家居生活、營養健康、窈窕瘦身、身體調養、子女教育、夫妻相處等。

當一般店的技術等級都差不多，原本是高級享受的護膚幾乎變成均一價的低階商品時，請業主好好思考如何在細節上加強，並把它落實到管理系統中。把這個藏在細節中的「魔鬼」，變成帶給你事業光明的「天使」！

6.**幫助顧客重塑自我形象**：沙龍主要的消費者大多是女性，在家庭、事業、婚姻、子女的壓力下，有些會漸漸與主流社會脫節，並壓抑自我特質，產生了自卑、退縮、不如人的心理，這是同為女人最心疼女人的地方。因此，美容沙龍應盡可能地深入顧客的內心，透過美容美體等外在的修飾與改變，協助顧客重拾信心及重塑自我形象，建立健康的自我心像，讓這些女性朋友可以盡情展現其內在氣質，而這正是美容沙龍最棒的功能與任務了。

作者曾在第一線服務多年，發現只要是平常不大注重外表的顧客，突然間要求進行塑身工程、改變造型，又不願意說明原因時，通常都是婚姻、家庭或是人生出了狀況，在找不出問題的時候，通常會慌亂地從看得見的外表著手改造，但這樣的結果往往只是「成就店家的業績」罷了，對於現實是無力挽回的。

若美容師能站在朋友的角度協助顧客，也許並不能讓店家因此賺到更多錢，但這將是顧客最大的福氣。一個「發揮良善力量」的店家，消費者是不會棄它於不顧的。千萬別短視地從顧客身上拚命「榨」財，等顧客平靜的時候，她們心底是會很明白的。

以上這些過程，不就如同男女從相親到決定攜手共度一生的過程嗎？一開始必定是先經過「審核」，例如學歷、工作、家庭背景等，再從中找出有意願的對象，這就是顧客在「專業諮詢、產品、儀器與技術」等衡量的階段；在尚未交往（消費），對彼此不甚了解的情況下，通常是以第一印象來打分數，這就是停留在「環境與氛圍」的外在取捨階段；接下來的交往（消費）階段，不再只靠外表的這些條件，還要在彼此有好感又不會感到壓力的狀態下，深得對方的心，才能連人帶心一起都專屬於你，成為你的忠實顧客。

有人曾抱怨：「美容業真不是人在做的！」沒錯，美容業不是「一般人」能夠經營的，是「超人」才能夠深入精髓的超級事業。所以當有機會看見經營有成的沙龍業主時，除了欣羨他們的成就之外，也應該為他們的付出加油肯定喔！

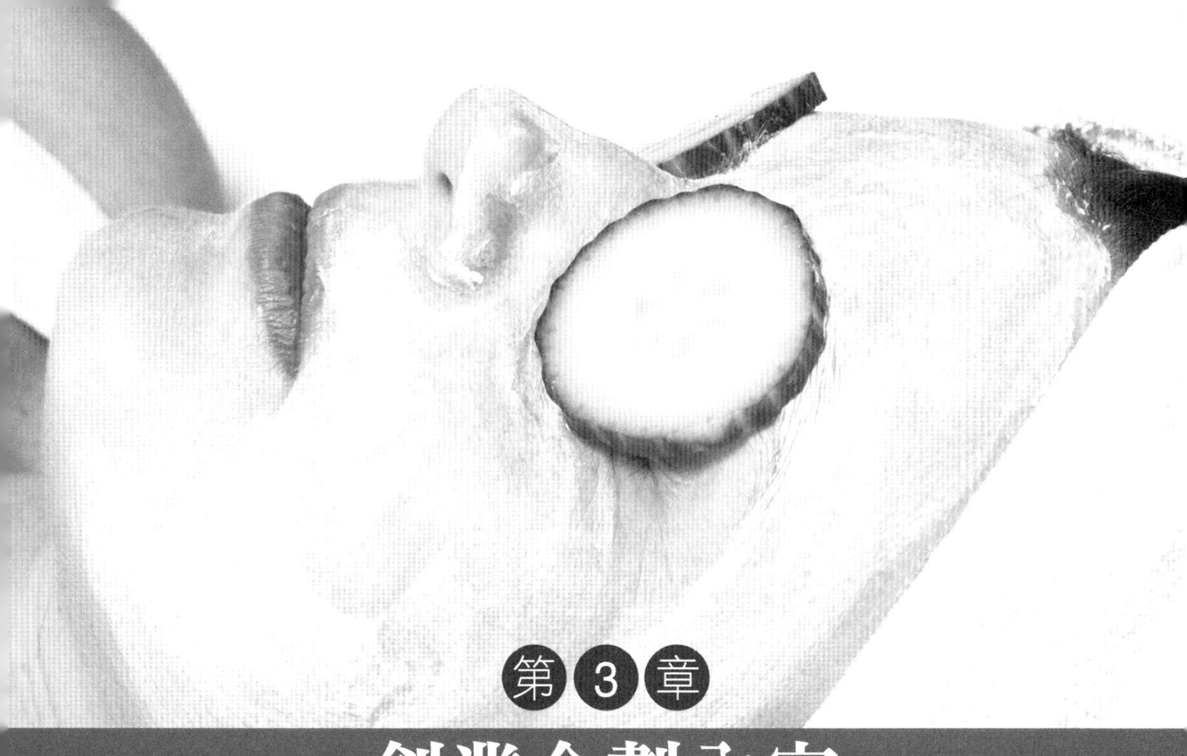

第3章

# 創業企劃內容

## 3-1 知己：了解自身條件、確定經營目的

美容是一個與「美」高度相關的服務業，而且可以為經營者帶來利潤及財富，隨著經濟的成長與女性意識的抬頭，具有發展的前景與潛力，所以每年都吸引了很多人才投入。

但是，很多人卻低估了經營一家美容沙龍必備的各種要素，很多經營者往往只是因為自己擁有美容技術或產品，或是擁有資金想要投資這個看起來很有錢景的事業，以單方面優勢創業了以後，才發現自己準備不足就上了戰場，原本自以為很棒的技術和產品，在投入戰場和各路精英角逐之後，才發現自己的不足，這時才猛然覺醒：經營美容事業好像不是那麼容易！

「創業企劃」是成功創辦美容沙龍的關鍵，它能讓你避免開業之初的漏洞和孳生日後的弊端，並讓事業以較快的速度導入正軌。創業企劃雖然重要，但卻經常被經營者忽略，而這項缺失也是造成國內美容沙龍規模普遍偏小，事業格局難以擴大的主因。

要進行「創業企劃」並不難，說穿了就是一個「自我了解」的過程。一個經營者有很多種方法可以切進市場，最忌諱的就是不知道自己的優缺點與定位，切錯了角度，無論擁有多好的條件、再怎麼努力，終將以失敗收場。

無論經營者的創業企劃是什麼格式，思考愈周詳愈好。通常撰寫創業企劃前的思考要項最讓沙龍老闆頭疼，但問題往往不在於沒有想法，而是困於想法既多且雜。而要如何寫出一份具有效率、條理、符合企業經營遊戲規則的創業企劃呢？隨著人們生活水平提高、消費型態改變、資訊發達、審美觀轉變等因素，美容沙龍經營的環境與條件也不斷改變，經營者必須站在自己的立場，並以顧客的需求為出發點，交叉分析後，就能為自己的美容沙龍找出精準的定位。（請參考本書「策略篇」SWOT分析）

# 3-2 知彼：市場巡禮

在第一階段「知己」下足了功夫之後，最好能親身體驗市場上廣受消費者歡迎的美容沙龍，尤其是和自己經營路線與定位類似者，也就是日後的競爭對手。了解它們，將有助於提昇自己。

所謂內行看門道，除了對手的店面設計、氣氛營造、收費標準、接待、美容流程之外，如能親身體驗對手的療程和產品，將更有助找出你可以改進並且超越的細節，這將是創業前寶貴的一課。

經過市場巡禮、親身體驗之後，大概就會開始發覺市場的真實情況和自己的想像有些許出入，此時再經過觀察與思考，將能進一步修正並重新調整開店的細節。需要注意的是，調查競爭對手時，重點是分析競爭者的「品質」，而非著重在分析的「數量」。對於競爭對手情況與資料精準的蒐集，是美容沙龍致勝的法寶。內容應包括：

1.競爭對手設店的地點，落在商圈的什麼位置？距離你的沙龍多遠？你方圓五百公尺內的商圈有多少美容相關店家？

2.同行間競爭的現況如何？同一商圈內的店家是趨於穩定、平靜，還是正處於白熱化的廝殺狀態？還在推低價體驗，或是均為高水平的貴婦沙龍？

3.競爭對手的強項是什麼（美容、美體、一般保養或專業理療）？和你主攻項目相仿嗎？可能會和你的沙龍正面交鋒嗎？

4.業界主要促銷手段是什麼？能否同中求異、異中求同？或是你有更好的點子？

5.競爭對手店面的裝潢及招牌走什麼路線（平價、奢華、小而美或是富麗堂皇）？這將反映出你在這個商圈生存的基本規格，如果和商圈的其他店家過於格格不入，最好重新審視一下地點或是營業走向。

6.對手的服務流程、價格、產品、儀器等級是一般消費、高檔路線還是專業級（醫療級）？最好選擇符合你的專長和專業，千萬不可見他人有什麼就一味仿傚。

開業前你掌握得愈清楚，在制定營運策略時就會愈精準，勝出的機率就會愈大。對於競爭激烈的市場，新開的美容沙龍只要比現有的經營者好一些，而且能夠以合理的成本找到適當的位置，就能獲得一定的經濟效益。

# 3-3 顧客群體定位

開業前還要確定美容沙龍的顧客階層，做好「市場規劃」及「定位」。這個分析忽略不得，因為它可以幫助你更加貼近你的目標顧客。

一般的美容沙龍創業規模，通常會從中小型、中等收費開始，因為如此看似較為「安全」，但事實上這個定位點卻是競爭對手最多的一個區塊，讓很多業者因此認為市場已經趨於飽和。但若經過計算會發現事實並非如此，市場絕對沒有飽和，也不會飽和，只是有些客源還沒有被開發，或是雖已被開發，但卻未被好好對待。針對這些潛在顧客，老闆們應該怎麼做呢？

美容消費人口主要為15～55歲這個年齡區段，不同的年齡層各有不同的特質和需求，業者不妨從下列的分析來思考。

1.**一人飽全家飽階段**：女性在15～25歲是婚前單身階段，由於國內女性目前普遍接受高等教育，並投入職場，故單身階段已由25歲延後到30多歲。

婚前的女性自主性極高，尤其是進入社會後，有一定程度的美容需求及較高比例的金錢主控權，這個階段的消費主力群年齡有逐年下降、消費力逐年上升的趨勢。美容消費的重點通常在於保濕、美白等較為單純的保養療程，而且接受新療程的意願和機率也比較高，時尚的美容沙龍是她們的首選。

2.**婚姻適應階段**：30～35歲是調整適應期，從單純的女孩，轉變為集太太、媽媽、媳婦於一身的女人，必須兼顧家庭與工作，常常是蠟燭兩頭燒。

雖然具有一定的消費能力，但被家庭瓜分之後，往往會縮減許多。此階段的女性著重保濕、活化肌膚，及身體舒壓等相關療程；但若這個階段還保持單身的女性，通常在職場上都有所成，會花費相當高的金額在維持青春容顏上，這群「黃金單身貴族」也是許多高檔沙龍的首選顧客。

**3.從「新娘」變「老娘」階段：**35～40歲的女性應已逐漸適應媽媽、太太、媳婦多重角色的轉換，而面對身心的透支，容貌的老化，讓女人產生了想要寵愛自己的需求。

這個階段是把女人變成成熟女性最重要的時期，此時的保養重點在於保濕、抗老、美白、更新等療程，此外，身體的芳香按摩更是她們最愛的享受。

**4.「一支花」階段：**40～50歲的女性，開始了二極化的生活方式。由於工作、家庭生活壓力不斷加劇，體態、容貌、精力一天天衰退，臉上容易產生斑點，情緒如果沒有適當的出口，容易失控而影響到家庭生活的和諧。

這一時期女性的身體及臉部肌膚保養非常重要，平常缺乏保養的女性，會突然「醒悟」過來，從完全不注重保養到變成很重視，她們希望能馬上回復年輕的容顏，因此大多求助於醫學美容的各項療程。

**5.「棄婦」或是「貴婦」階段：**50歲以上的女性，應該是兒女長大外出的空巢期，工作也近退休狀態，如果平日小有儲蓄，並樂於培養興趣、運動或是交友的女性，會過得非常幸福愜意，此時的美容保養著重回春、養生等療程。

# 3-4 療程項目收費標準

療程項目收費標準的訂定非常重要，這將決定顧客是否接受沙龍服務及經營的最終利潤。應該如何訂定美容沙龍的服務價格？在決定收費高低時，除了考慮主要顧客群外，也要考慮到配套活動的靈活度。

目前由於美容沙龍競爭激烈，一些沒有良好經營策略的中小型美容沙龍，只好大打價格戰，反觀那些經營成效良好的店家，不但顧客盈門、獲利滿滿，也漸漸建立了在業界的影響力，憑藉自身優勢（通常擁有特殊的療程及產品，並搭配精實的管理），站穩腳步後，價格不降反升。

因此，我們可知價格策略並非一成不變，也非「價低者取得市場」。變動價格固然表面上能夠增加來客率，但並非是提升競爭力的好方法，更別說能獲取更多利潤了，若處理不當，不但短期效益不彰，更會危及長期獲利。因此，要在激烈的市場競爭中求得生存及發展，必須對自己的收費標準審慎定奪。

在訂價、促銷時候欠缺考慮，日後必定衍生困擾。例如對最初消費的顧客給予優惠，當隨著顧客群的發展而調高護理項目收費後，日後對這類顧客要不要調價就會陷入兩難。通常業者為了怕得罪原始顧客，便採取新舊顧客不同的收費方式，這種差別對待，看似可以留住老顧客，但缺點是價格前後不一，當舊顧客為你介紹新顧客的時候，勢必產生價格差異的困擾。

經營者應根據美容沙龍的實際情況，蒐集詳細資料（護理系列、護理名稱、療程內容、使用儀器、材料類別、產品用量、護理時間等），然後再加上投資報酬率的精算，制訂一套公道的價目表，不僅能使顧客安心消費，也能顯出美容沙龍的專業水準。

因為目前美容沙龍的收費並沒有統一標準，療程和價格的高低主要取決於成本、費用、市場需求和競爭狀況等因素的綜合影響，加再上參考市場的行情，業者可以先找出價格的區間之後，再擬訂明確的價格。下列為業者在訂價時需考慮的要素：

**1.地理位置：**大都市和小鄉鎮、黃金店面與一般地段，臨近高級住宅區或是一般住宅區、交通便利性等，都是造成價格差異的考慮因素。以美容服務業而言，大都市的收費理當會高於小鄉鎮（因為業者的成本及消費者的收入、生活水平等都較高），但由於競爭白熱化，現在反倒有一些小鄉鎮的收費和獲利都高於僅收「試作價」、「體驗價」的大都市。所以，地理位置不再是最重要的考慮因素，創業初期最好不要選擇大都市的黃金地段，以免因為固定成本過高而燒錢太快；此外，應參考該地區其他美容沙龍的收費標準，經過衡量後再決定合宜的收費標準。

**2.技術：**美容技術的純熟與專業度是決定價格的一項重要因素，但卻不是唯一因素。很多以專業轉而創業的美容老師，很容易陷入「專業的陷阱」——只在專業上提升而忘了好好經營顧客關係。其實只要技術能維持在一個大眾能接受的水平，並在接待、服務、環境、流程等方面也要加以用心，對於收費會有較大的加分作用。而與技術相關的收費方式有兩大考量：

●按照療程、使用產品差異或是技術、儀器等項目訂價。例如，同樣的美白療程但卻使用不同品牌的產品，收費不同；或雖然是同類型的膚質，但選擇使用光療、氧療、鑽石微雕、超聲波導入等不同儀器，也會有不同的收費。一般的原則就是產品用愈好、儀器用愈多，收費就愈貴。

●按照膚質不同，療程差異收費。例如，一般護膚、青春痘、黑斑、皺紋、保濕、美白、活化等施作的療程不同，收費亦不同。皮膚問題愈單純者，通常療程也愈單純，收費通常略低於皮膚問題複雜、療程手續繁複者。

3.**服務**：服務態度良好，讓顧客感覺舒適與親切，對於價格也有很重要的影響力。有些美容沙龍雖然要價昂貴、專業水平「尚可」，但卻贏在「尊寵顧客」，消費者因為受到良好的款待，而甘願付出大把鈔票，由此可知顧客重視服務感受的程度。

4.形象與氛圍：店面形象設計能自動「挑選」顧客，當然也能影響價格。有些美容沙龍店面的氣氛營造、景觀、裝潢設計煞費苦心，為的就是能提昇消費族群的水平，讓顧客願意多花錢來享受服務；反過來說，如果沙龍走平價路線，過多的裝潢或硬體營造，不但增加成本，而且會嚇跑你的目標顧客。當然有些連鎖沙龍花大錢裝修（藉以提昇品牌形象），但卻是反其道而行的平價收費，讓顧客感覺「賺到」，也是一種策略。

此外，提醒沙龍老闆，在氛圍的營造上，無論多麼用心，都比不上營業環境擁有適當的採光和通風重要。陽光能幫助殺菌和提昇正面的能量，而通風的環境能讓人保持神清氣爽，並幫助濁氣的排除，如果沙龍終年不見天日，陰暗潮濕、黴菌孳生，霉運跟著來，營業恐將無法長久。

5.目標顧客：若目標顧客的社經地位較高，消費能力相對較高，理論上接受高價的可能性會大一些，但價格愈高，目標客群轉投到其他競爭對手懷抱的機率相對也會較大。最好的方式還是先訂定一個合於店家成本與獲利考量的「最高訂價」之後，再以促銷方式來「變相降價」。

活動期間在觀察及試探顧客的反應之後，可評估是否回到原訂價收費，還是要「一直促銷」下去。這個訣竅很重要，有一些條件不錯的沙龍，因為初期自信不足、收費過低而很難翻身，就是在這個地方出了一點小差錯所導致。

#  標準化的顧客服務流程

標準化的顧客服務流程也就是「美容沙龍顧客服務流程SOP」。美容沙龍通常經由服務而創造價值，服務的好壞直接影響到業績與生存，所以每個服務細節都要精準的環環相扣。

顧客服務流程的制定，包括硬體和軟體兩方面。硬體指空間設計的配合，軟體則要經營者多方設想後排定。順暢的流程可以縮短不必要的作業及顧客等候時間，增加利潤空間，是考驗業者管理能力的重要指標之一。在微利時代，嚴謹專業的管理能力才可以擴大利基。

至於流程如何才算順暢？這得要考慮美容沙龍的主觀與客觀環境，再依據實際的操作情況制定出來。很多業者不是不想做好，而是不知道怎樣制定，更不明白如何去落實。一般而言，流程不外乎以下各項，業者可以參考，並隨著個別沙龍的服務特性做增減：

**1.接待服務：**入座、奉茶、在接待區與顧客溝通、環境介紹，尤其是有特殊裝潢風格及企業文化意涵的沙龍，可以藉由環境介紹加強顧客的認同與感受。

**2.諮詢：**顧客資料填寫、店家說明服務方式和解答顧客疑問。擁有特殊專長及證照的沙龍，可以在此時適當的自我宣傳一番。

**3.肌膚測試：**通常藉由儀器辨識，這是現代美容沙龍的必備，但詳盡且專業的皮膚分析才是最有利的勝出點。千萬別認為「皮膚分析還不是都這樣」而流於制式化，喪失這個在顧客心目中建立專業形象的最好時機。

**4.諮詢**：由諮詢師確定顧客的問題及需要。價格和方案、療程內容務必仔細說明，無論要進行什麼療程、加收什麼費用，都應先徵得顧客的同意，並確定顧客「確實已經了解」，這個步驟必須明確，可預防大多數的消費糾紛。

有些顧客是看準沙龍的促銷活動而前來，由於店家用「假促銷方案」給顧客亂加價的消費糾紛時有所聞，所以只要在這個環節有一點模糊，消費者的感受就會非常差，業者尤須注意：不要經常做那種「只有一次、沒有下次」的生意，否則客群不論多麼廣，總有被你淘盡的一天。

**5.療程溝通**：由諮詢師護理建議、選擇產品，和美容師溝通。

**6.療程前**：美容師換上工作服/顧客換美容袍。對於從未接受過任何美容美體服務或是較為內向保守的顧客，只要是必須褪去衣物，最好可以多做一點叮嚀或導引，例如美容袍要怎麼穿，以消除消費者的緊張或是尷尬感，千萬不要認為「顧客應該都知道」而忽略了這個細節。

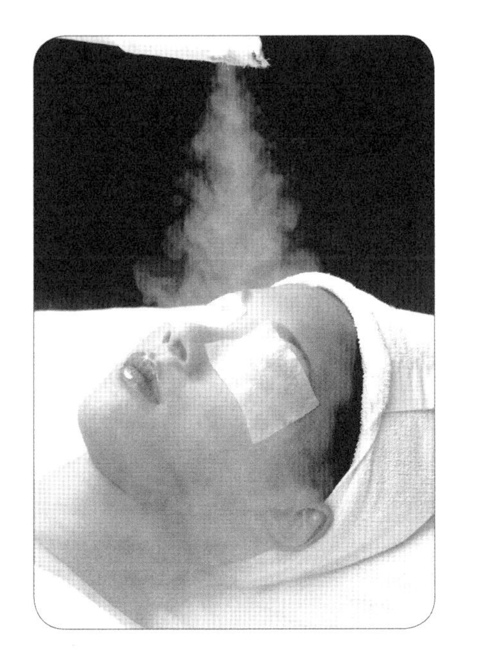

**7.療程中**：進行肌膚護理或身體療程。如果在護理的過程中，顧客顯示出對療程有疑慮或是好奇的詢問時，美容師都應該耐心解說，切勿不耐煩或以公式化說明帶過，

因為每次的交談都會在顧客心裡留下感受和評分。如能在旁邊準備小鏡子讓顧客隨時觀看，並鼓勵他們發問及溝通，將有助顧客關係的建立。

8.**療程後**：效果與感受的確認。此時萬萬不可「睜眼說瞎話」，明明用肉眼看沒有什麼改變，美容師還是很誇張的說出「毛孔變小、皮膚變白」那類的吹捧，顧客自己可是有長眼睛。

9.**居家保養建議**：家居保養產品與療程建議。最好以專業做導引就好，切勿強迫推銷。

10.**療程後服務**：奉茶、享用點心、結帳。這個步驟在普通店家和高級沙龍可是有所差別。奉茶是什麼茶？白開水或是人參茶、用心茶或是應付茶；點心是什麼點心？魚子醬或是花生米，店家必須就自己的定位作斟酌。

11.**預約**：訂定下次護理時間。這個步驟看似簡單，但其實是顧客對於滿意度的回應，以及再次消費的承諾，如果顧客爽快地預約，多半表示對於整體服務還算滿意，若表示要再介紹親朋好友過來，就是非常滿意；但如果顧客不接受訂定時間，要從側面了解原因，但無論如何，都不要給顧客壓力。

12.**送客**：送客人走出店外，或是協助顧客將車駛離，例如幫顧客指揮一下，讓車子安全的開走，這在交通複雜的市區，是很貼心的一項服務。

13.**售後服務**：電話回訪、跟進服務。一般來說，美容沙龍應在服務後第二天以電話聯絡對方，詢問護理後的感覺等追蹤服務。

# 3-6 行銷策略及促銷方案

行銷策略和促銷方案是層次不同的兩件事，但初創業者經常會把它們混為一談。行銷策略包含了所有的促銷方案，但所有的促銷方案只是行銷策略的一小部份。

俗諺云：「商場上沒有三年的好光景」，許多經營者害怕競爭對手的學習模仿，在美容服務業尤其明顯，業者通常將獲利來源、主力商品與特色服務等，視為最高機密，不願意對外公開或互相交流，且大多數業者將服務項目、價格、優惠辦法等店頭即可觀察到的公開資訊，如報紙廣告、網路資料等，或是同業只要消費幾次便可知其所以然的「特色商品」等普通商品資訊，誤解為該公司的「策略」，導致美容這麼有商機的一個行業，難以晉身成為具有規模的企業。在過去諸多成功的案例中，普遍是靠運氣或是利用大量廣告的曝光度炒作，台灣90年代許多大型瘦身美容業崛起，是攀附景氣繁榮順勢而為，而非有專業且嚴謹的脈絡可循，如此僅流於短暫的成功，禁不起長期的市場考驗。

而業者畢竟不是學者，也不是馬上要創立一個企業集團，所以眼前要擬定的計劃重點，是設法拉近顧客和美容沙龍之間的距離，並充分利用顧客的人際關係為沙龍帶來更多的消費者。關於美容沙龍行銷策略，本書「策略篇」有較為深入的探討。

# 創業實戰篇

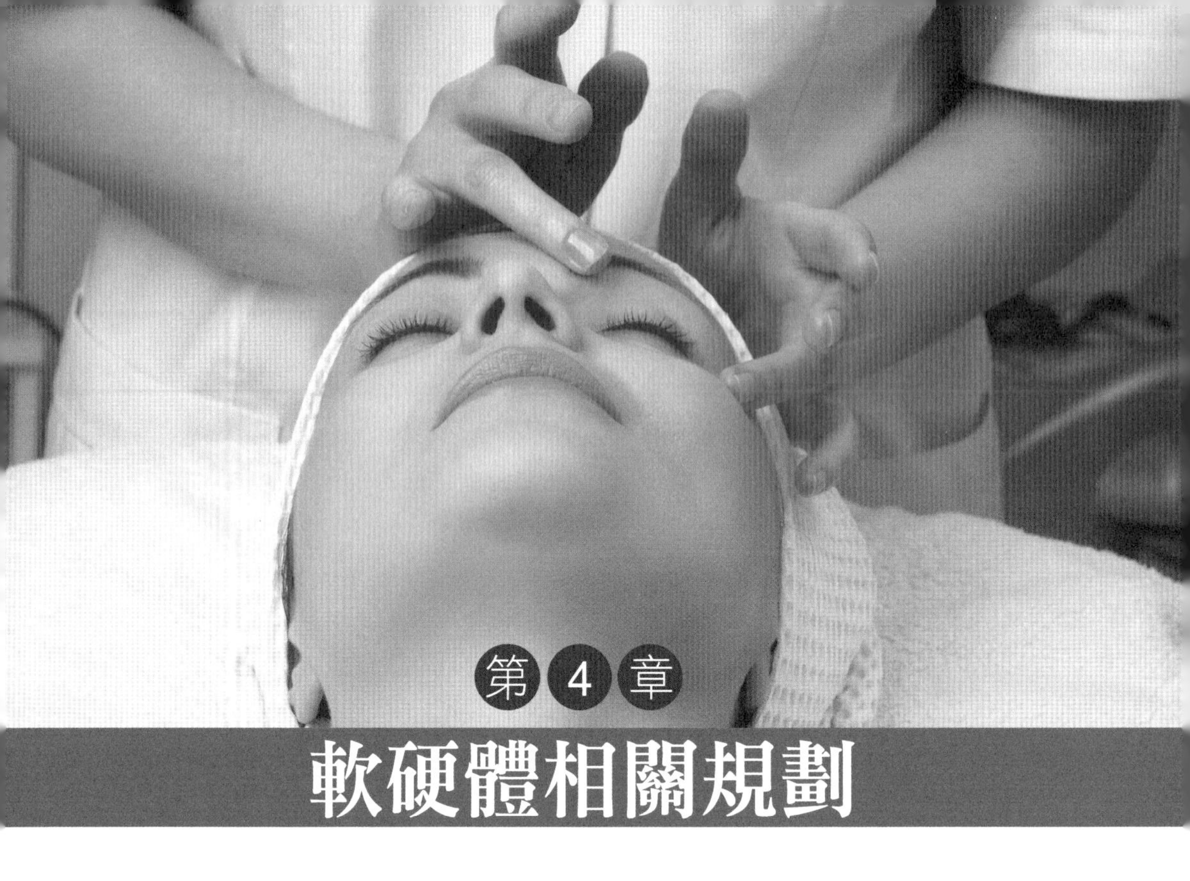

# 第4章 軟硬體相關規劃

## 4-1 商圈調查

經營事業，不可諱言，「地點」很重要，但它不是唯一的指標，地點只是4P之其一，何以成為事業經營成敗之主角？

替代性很強的商品或服務，便利的交通、易於消費的地點當然很重要，比如密度非常高的便利商店，如果你的地點不好、停車不便，當然來客數就不理想，但要覓得一好地點，加上停車便利、空間寬敞，就必須付出代價——高昂的租金。

特色突顯的店家，相對而言，「地點」的重要性即被沖淡。君不見有些商品連店面都沒有，照樣在網路上狂銷；也有些店面看起來像是年代久遠的「破落戶」，但客人還是不遠千里跑來排隊；有些店家窗明几淨，一切外觀都經過了精心的設計，但顧客說什麼就是不上門。這不是很奇怪嗎？怎麼與商業分析大相逕庭？

地點，應該是依你的經營業種而決定，而非以一般的「黃金店面」來概括，適合便利商店的地點，不一定適合美容沙龍；君不見一家原本生意興隆的店，在換了新房客之後卻變得門可羅雀。同樣的地點，為何有著截然不同的命運？

地點，更明確地說，應該是「讓你的目標顧客最合適接近的點」，而非僅有表面的「地段」之義。美容沙龍商圈開發成功與否，事先的調查工作很重要，一般而言，應包括商圈人潮、主要消費客群的水平、消費習慣、流動人口等，所以，盲目追求「黃金地段」將讓你的第一步走得辛苦。

所謂商圈是指以本店的座落位址為圓心，向外延伸至某一距離所形成的一個圓形之消費圈。商圈之大小，視業種、營業方式而有所區分，選擇商圈之所以重要，在於它是一家店會不會賺錢的關鍵要素之一。以美容業而言，一般以半徑500公尺為主要商圈，半徑1公里為次商圈。但由於現在的交通型態改變，城鄉差異愈來愈大，加上接受美容服務所需的時間較長，故美容業商圈的劃分，有別於其他的商品型店家。

## 商圈形態

**1.商業區**：商業行為集中之區，其特色為商圈大、流動人潮多、熱鬧、各種商店林立，該區主要的消費習性多具有快速、流行、娛樂、享受及消費額較高等特色。

**2.住宅區**：多以戶數在幾百戶甚至上千戶所形成的區域，特色是消費群穩定，便利和親切是該商圈經營的要點。近年來，以住宅區為主力的社區型沙龍有日益增多的趨勢。

**3.辦公區**：辦公大樓林立的區域，或鄰近政府、學校、醫院等大型機構，通常為白領消費族群，故消費額及顧客層次較高，一般注重便利性（例如可在午休時利用時間做保養順便午睡）、店家的穩定性及專業水平。

**4.混合區**：是指商、住、辦結合的區域，由於都會功能日趨多變化，商圈形態趨向複合式。混合區具備各種單一商圈形態的消費特色，消費者屬多元化消費習性。

美容沙龍的商圈定義，除了周圍固定的居民區與活動人口外，交通網分佈及便利性也是重要的考量因素。顧客利用各種交通工具可以很容易到達該店的地區，也應被納為商圈範圍，例如捷運沿線商圈快速拓展就是一大例證。

## 商圈調查要點

**1.商圈人口數、職業、年齡層**：人口數的調查可略估出該商圈是否具有足夠的基本客數，並計算出潛在的消費人口。

**2.商圈消費習性、生活習慣**：可得知某一型態的商業行為及其市場量的大小。

**3.流動人潮**：美容沙龍所處之地理位置流動人潮的數量，直接影響該店之經營成功與否。不同時段流動人潮調查×入店率，可推出來客數，及粗估每日營業額。

**4.地理因素的調查與分析：**不同的美容沙龍，由於市場定位的不同，對地理環境要素的要求也不同。中心商業區交通方便、流動人口多，有大量潛在的消費者，商圈的規模要求較大；因此，如果美容沙龍是定位在擁有汽車的消費群，就會更加看重道路交通的順暢度和停車位數量的多寡。

投資者在做地理環境調查時，除了依據有關書面資料和數據外，最好能夠親自做適當的市場調查，或是其他型式的實地調查，來創造獨特的經營特色。不要只坐在辦公室吹冷氣看報告，親自下現場感受一下人潮及附近的消費型態，對於貼近事實有較大幫助。

**5.消費者來源：**美容服務對象一般可分為居住人口、工作人口和流動人口。

●居住人口：是指居住在美容沙龍附近的常住居民，這部份人口具有一定的地域性，是核心商圈內基本消費者的主要來源。

●工作人口：是指不居住在美容沙龍附近，但是工作地點在美容沙龍附近的人口，這部份人口是次級商圈中基本消費者的主要來源。一般說來，美容沙龍附近工作人口越多，商圈規模相對越大，潛在消費者數量就越多，對經營越有利。

●流動人口：是指在交通要道、商業繁華地區、公共活動場合活動的人口，消費行為屬於臨時性，但也是創造營業額的一大來源。如何創造特色，吸引眾多的流動人口前來消費，已經越來越被經營者重視。

**6.特殊聚落：**商圈內若有政府部門、學校、醫院、工廠、辦公大樓等，都能匯聚一定的人潮與消費行為，可深入了解附近有多少家美容沙龍，其水平、收費、療程項目、主力消費族群及各店的經營方向，這些資料的收集與分析，有助於美容沙龍來客數的增加及制定各種促銷方案。

7.**競爭對手**：新開業的美容沙龍，可以適當地對商圈內外的競爭者，進行在質與量的全面調查研究。例如對商圈內競爭者銷售額進行認真的估算，可以推算出潛在市場購買力，這將有助於調整沙龍店家的期初投資。

8.**商圈未來發展性**：例如該商圈發展前景如何？人口是否愈來愈聚集？政府有沒有新的規劃或開發案？像是成立科技或是生技園區、新建學校、政府部門、大型賣場，或是住宅群的興建、公共工程的進行（會有交通黑暗期）等，這些對於美容沙龍的未來發展有非常重要的意義。

綜合前面各項調查，可以制定一個商圈調查表，作各種分析比較，甚至可以做多個商圈的比較，判斷出在該商圈內開設新的店面是否合適。但是對商圈的調查評估不應只是靜態觀察，還要包括商圈內的住宅、建設、交通、競爭對手的變化等，然後再依據各項分析作出決策。

# 4-2 選擇店址

選定商圈後，下一步就是要找出最合適的店面了。這關係到美容沙龍的銷售規模、獲利能力和競爭力的強弱。有時兩家規模相仿、各種表象條件評估起來相似的沙龍，僅僅由於所處的地理位置不同，其經營效益便會產生差異。

作為沙龍的經營者，應該要了解一個好的營業店址對於經營成果的關聯性，並且應該慎重進行美容沙龍的選址工作。一般說來，必須考慮以下幾個因素：

1.**都市發展**：投資者在選擇店址時，要掌握都市建設的未來規劃，不可只看短期規劃，也不能只等長期規劃。這是深入了解該地區未來發展潛力的重要分析工作。想要走大型、連鎖式的美容企業尤需重視此資訊的收集與分析，因為有的地點在眼前看似極佳位置，但隨著都市的改造和發展，可能變得不適合開店；反之，有些地點從當前樣貌來看並不盡理想，但從都市規劃的前景來看，卻變成具有十足的發展潛力。因此，投資者必須從長遠發展做考慮，從短期經營效益著手，在了解地區的交通流量與狀況、街道規劃、市政執行、綠化工程、公共設施、住宅興建及其他建設或改造項目的都市整體規劃之後，才做出最佳地點的選擇。

2.**交通因素**：沙龍在選址時，一定要為顧客仔細考慮交通的各項因素。由於顧客接受美容服務的時間較長，停車在都會區是個頭痛的問題，顧客甚至會將停車的便利性列為是否前來消費的重點。交通通常包含了以下幾個考量：

●店址的停車設施：美容沙龍門口應具有一定的空間，以方便停駐及流動，從而產生最佳的客流量。停車空間的大小及數量，可根據商圈大小、商店規模、附近停車設施、非購買者停車的數量等因素來確定。

●店址附近的交通狀況：沙龍須考慮店址是否接近主要道路，並考慮顧客的方便性和供應商送貨的快捷性，例如有許多大街白天通常禁止大型貨車來往，如此店家貨物的收受便會受到限制。

●交通的便利性：沙龍應該分析交通樞紐對客流量的影響，通常距離車站及重要交通設施越近，客流量越多。

●交通管理狀況：如在單行道、禁止車輛通行街道、與人行道距離較遠的位置開店，都會對客流量造成影響。選址最好不要選在隔離設施的高速車道邊、周圍居民少、或商業型態已經齊備的區域；而在高樓層的大樓上開店，對於顧客抵達、離開、刊登廣告、舉辦促銷活動等，也都有所不便。

**3.客群因素：**目標顧客族群的大小，也是美容沙龍能否順利經營的關鍵因素。客群分現有客群和潛在客群，對美容沙龍而言，選在客群量多、集中的地點，讓來往的人群能就近前來，在經營上是較為有利的。客群因素包括下列幾個面相：

●客群類型：專門為購買或服務的來店顧客所形成的客群、從鄰近美容沙龍客群中獲得的客群、順路隨意前來的顧客所形成的客群。

●客群目的、速度和滯留時間：不同地區客群規模雖可能相同，但其目的、速度、滯留時間各不相同，應透過具體的分析，才能選擇最佳地址。十字路口客群集中，店家的能見度高，一般而言是店面的最佳開設地點，但講求寧靜的美容沙龍可能要自行斟酌。有些夾道由於兩端的交通條件不同，或通向地區不同，造成客群主要來自於某一端，這時店址就應依實地情況設在客群集中的一端。

**4.競爭因素**：由於店家聚集的數量不斷增多，因此，美容沙龍選址時必須充分分析周圍的競爭形勢。一般說來，如果在開設地點附近的競爭對手眾多，除非你的店獨具特色，否則將難以吸引大量客流量，因此也無法打開銷售局面。

儘管如此，由於美容沙龍對周圍區域的依賴性較大，因此，可以選擇在店家相對集中、且有發展潛力的地方，而且當店址周圍的店鋪類型達到協調、互補，或者形成相關行業的群聚效應時，往往會對經營產生正面的影響。例如台北有名的婚紗街、五分埔、光華新天地等，均是群聚效應的受惠者。

**5.具體門面**：比如客人進出方便、廣告效應好、招牌醒目、通風採光好等，對於一家沙龍均有加分效果。另外，沙龍內的服務設施配套是否完整？周圍環境是否優美、清潔、安靜？周圍人口構成如何？尤其要注意店址是位在人口流入區還是流出區，並且需考慮店內消費主力客群的消費能力及特徵，一般而言，只要有上千個常住人口，就能撐住一家生意興隆的沙龍。

至於要怎麼找到理想中的「賺錢好店」呢？以下幾點是必須考慮的因素：

**1.屋比三家不吃虧**：現在有許多管道可以選擇，報紙、房屋仲介、網路、代租中心等，都可以發現很多優質的待租物件，而且有些在網路

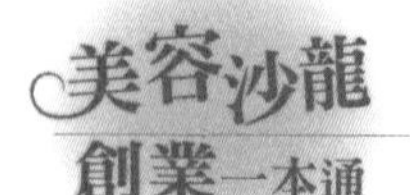


上就會揭露很多資訊，如房屋圖片、詳細地址及周圍環境等。

尋找店址最忌諱的是沒有固定的目標和想法，「哪裡都好」也「哪裡都不好」，務實的做法應該是縮小尋找範圍，把自己要的區域明確設定後，然後就在小區域中尋覓，可省去許多時間。

此外，「房東的好壞」也是承租房屋時的一大考量。有些房東見你生意穩定，會獅子大開口的要求房租漲價，若租金原本就佔開支較大比重者，會是更沈重的負擔。而且，就算找到了理想中的好店，在房東面前也千萬別「喜形於色」，以免被房東趁勢哄抬租金。

**2.實用最重要：**不同地理環境、交通條件、建築物結構的店面，租金會有很大的落差，有時甚至相差幾十倍；但對創業者來說，不能僅看表面的價格，而應以租金所能產生的效益為主要考量。若是遇到理想合適的店址，就算租金比大小相仿的物件貴一些，也應該要承租下來；有些人會以場地的大小為主要考量，例如租金皆為3萬元，一間位於市區的20坪，一間位於市郊50多坪，並不是大一定就好，也不是位於市區就會賺錢，如何抉擇端看你經營的走向和來店的客群，實用最重要。

**3.分租店中店：**「店中店」是指跟美髮、服飾或藥局等相關行業分租營業場地，或是在家樂福、大潤發、愛買等賣場分租專櫃位址。這種方式可和原來的店家資源共享，適合初創業、沒有店底（營業基礎）的新手，可以度過一般店面創業來客較少的萌芽期。

**4.頂店：**如要承接頂讓的工作室，或是要租下一間工作室，都必須要考慮到租金、周圍環境、交通便利性、客層屬性和商圈商店的提袋率等，並且要考慮前一手頂店的主要原因為何？一般會將辛苦建立的沙龍頂讓出去，通常都是業績不好、撐不下去才會忍痛脫手，或是美容師想

擴新點而把舊點出讓，接著又在附近開業等，這些細節都要特別注意，承接之前切記要多做功課。建議的思考點如下：

●頂讓的真正原因，要透過明查暗訪，不要只相信店家的片面之詞。

●頂讓金的合理性，一定要議價，並自行估算成本是否符合對方提出來的報價。

●來客的穩定性及數量。

●頂讓包含什麼軟硬體？是否沿用舊店名？舊店家與顧客之間有沒有尚未釐清的權利義務關係？有沒有書面合約明定轉讓的內容？

●原有設備的使用程度是否已需再修繕？是撿到寶還是垃圾？

●店面的屬性、原有的風格和主題，是否適合自己？

●租金是否合理？租賃有什麼問題嗎？如果物件是屬於二房東分租性質，關係複雜，建議新手最好不要承接。

●是獨資還是與朋友合夥？技術是否充足？合夥的權利義務關係是否能有相關書面約定？

●是否有3～6個月以上的周轉金？

●初期投入的金錢是自有的還是借貸的？這兩者有不同的壓力。

以上各點仔細評估後，再決定是否承接。否則你期待的金雞母落空，將會變成一個燙手山芋！

# 4-3 美容沙龍的氛圍

如果說美容沙龍的「專業技術」和「優質服務」是營業的根本，那麼美容沙龍店面的形象、呈現出來的氛圍則是吸引顧客進門的加分項目，適當氛圍的營造，會對顧客消費意願產生很大的影響。

隨著美容行業的蓬勃發展和人們生活水平普遍提高，民眾對美容服務業的要求，不再僅是單純的清潔、保養和美化形象而已，而是把它當成使身心得到放鬆與健康的一種享受，或甚至是一個「高級社交場所」。因此，美容沙龍透過適當的裝潢，創造一個舒適的環境，越來越受到消費者的重視。

美容沙龍經營氣氛的構成，最重要的空間主題是放鬆，由於主要服務的對象是女性，因此，粉紅、粉紫色系加上柔和燈光是重點。裝潢前，可由專業設計人員從整體的裝修風格、企業形象、標誌、用色等，進行整體的規劃設計。如果老闆自己很有想法，也可以自己來，但必須注意要具有特色，格局要合理分配，依據不同的功能畫分區域的使用，而通風、照明、調溫、視聽等設施也能提昇環境的質感，為顧客創造一種舒適優雅的環境氛圍。以下就各要點分別說明：

**1.店面形象**：包括招牌、色彩、裝潢、風格、衛生、交通便利性、櫥窗、海報等，美容沙龍有別於一般服務業，應該營造出溫馨、整潔、舒適、具現代感的氛圍。

**2.店內形象**：包括接待處、收銀處、諮詢室、美容室、更衣間、洗手間、產品調配室、樓梯等區域，應該要有適當的照明，尤其是局部燈光能改善空間感，在地面、牆壁、入門處、家具、擺設、產品、洗手間等處都可以適當加強；另外包括店內色彩、播放的音樂等也應符合店的格調。

美容沙龍的隔局必須給顧客現代感，表示該沙龍是和時代並進的，也要能展現沙龍獨創的個性和表現，而不是亂抄一通，把美容沙龍搞得像餐廳或是宗教博物館；店內裝飾風格和色彩也必須適合顧客的消費層次，不能格格不入。

**3.人員素質：**美容沙龍要為顧客提供親切周到的技術服務，以可靠的技術（可以各式證照來佐證）、友善的態度、專業化的諮詢來吸引顧客。其餘的細節，包括美容師和相關人員的服裝、禮儀、表情、化妝、個人衛生（例如指甲、頭髮）、技術、美容知識、接待技巧、溝通技巧、銷售技巧等，愈完整愈有競爭力。

美容沙龍希望門庭若市並不難，在於新顧客願意前來、舊顧客留得住。由於美容沙龍為顧客提供的技術與服務都得依靠美容師來完成，是人力資源需求特別重要的行業，沙龍老闆除了要盡力留住優秀的員工之外，還應該將各個工作場所動線及配置設計合理完善，讓各個部門的工作人員能充分發揮個人特長，使顧客得到最滿意的服務。

一個期待開業後能生意興隆，顧客盈門的美容沙龍，必須將以上提列的軟硬體相關規劃及各種因素綜合考慮、結合、互動，才能營造出良好的氛圍，吸引理想的顧客和人才上門。

# 4-4 收買女人心

美容沙龍經營者開店之初，最關心的話題是如何讓顧客知道你、接受你，然後再到店內消費。一般而言，顧客衡量美容沙龍的標準不外乎店家的服務態度要親切、交通近而方便、衛生整潔、燈光明亮、價格平易近人、技術高明、風格是自己所喜愛的等。據多年的美容實戰經驗得知，店的裝潢及風格對某些顧客來說並不是很重要，除了專業、價格、五感氛圍等要求之外，女人實際在意的還有：

1.優美、乾淨、沒有蟲害（蟑螂、老鼠、蚊蠅、螞蟻，不管什麼蟲都不行）的環境，也就是清潔度要一百分。東方哲學講求風水，各門各派學說迥異，但莫不以寬闊、明亮、方正、空氣流通為主要考量；環境千萬不能潮濕，免得吸引蚊蟲、滋生黴菌。不管裝潢多豪華，只要讓顧客覺得不乾淨，環境還是不及格。

2.空氣清新、流通，除了不能有霉味之外，最好還要帶有微香。但是雖然環境很好，美容師吃大蒜、榴槤，或有汗臭味也不行。

3.美容師和所有工作人員最重要的是柔和有女人味，也就是專業但溫柔可人。濃妝豔抹、眼神犀利、只會做生意，充滿銅臭味的美容師，顧客通常敬而遠之，是不會讓顧客喜愛的。

4.女人都重視隱私權的保護，所以最好要有個人療程的空間。如果無法規劃一人一室的空間，最少要有布簾做區隔。最忌諱開放式的美容室，顧客全部赤裸裸、一個併一個躺在一起做療程，毫無隱私可言。

5.準備貼身的衛生用品，比如衛生棉、護墊、紙褲、浴衣、浴帽、浴袍等。而重覆使用的美容袍、美容被、毛巾等，也應徹底洗淨，千萬不可留下任何味道，像是按摩油的油垢味，或是前一位顧客的香水味等。儘可能採用「一人一被」制。

6.室內採光和照明度要剛好，大門和玄關及接待區要明亮，客用桌椅應具有一定的質感及舒適度。並要準備一些書報雜誌，可供顧客等待或休憩時翻閱，並適當的提供花草茶和小點心，這也是貼心度的展現。另要注意空間不要有太多障礙，有些美容師有特殊收藏或是特別信仰，所以擺設了一些較不符合美容沙龍風格的物品，或甚至連神尊都請來了，上述這些現象都應該避免。

7.有些較高級的沙龍，都另闢有VIP室來服務較為注重隱私或是貴婦級的顧客，這個VIP室的床位很重要，不能緊鄰浴室（潮濕、穢氣）、廚房（油煙、異味），更不能靠近馬路外側或是吵雜的環境，對門也不行，會有不安全感。最重要的是美容床不能位在橫樑的正下方，在科學上說，因為樑柱在建築結構中承擔了較多的重量，所以它的壓力和磁場異於一般平面，若是躺在樑下會產生壓迫感。

8.浴室若有日照和通風最好，以免因潮濕而發霉，也應顧及顧客隱私，保持乾燥和乾淨，不要堆放太多雜物。

9.茶水間或廚房應保持空間流通，烹煮用具或刀剪類尖銳工具要收在看不見的地方，防止意外發生。

10.神明案頭或宗教文物，可安置在負責人的辦公室。有的人把辦公室兼做貨倉使用，這是空間不夠時的下下之策，但如此一來將導致領導者心思和情緒混亂；對老闆而言，辦公室是一個決策的地方，也是事業的頭腦，要特別注意。

# 第5章 開業與展業

## 5-1 開業活動

沙龍初創業，想要讓營運儘快上軌道，須要注意前台作業與後台管理。流暢的前台作業來自於穩健的後台管理，優秀的後台管理能讓前台作業最完美呈現，因此沙龍內部管理細節到位，不但有助於工作流程順暢，更能留住每一位來客，進而樂於幫你的沙龍做口碑宣傳。

而工作人員的穩定無論在前台或後台都非常重要，因為美容沙龍是一個以人為本的服務業，美容師技術一定要專業、純熟，合宜的應對進退，更關係著顧客來店的第一印象，因此沙龍老闆們應該要透過各種管道，聘雇合適的人員。美容師的質量重於數量，絕對不是「有人做就好」，接著透過建立顧客良好的預約習慣來調度人員，讓人事發揮最大的功效與貢獻。

一家沙龍的管理細節多如牛毛，尤其在開業前大小雜事真是讓人忙成一團，身為老闆必須要能掌握關鍵與要點，才能領導一家店漸入佳境。

## 選定開業日期

開業前的準備工作完成後，便是開業時的具體工作了。首先要決定開業的日期，按照一般民間傳統習俗，要選擇一個「黃道吉日」，而且最好能參考天氣預報，選擇晴天來進行，雖然是「遇水則發」，但你總不想讓來賓淋成落湯雞吧！下雨天會減弱人們外出的意願，因此最好能夠多留意氣象預報。

## 邀請函

邀請函要提早發送，最好在開幕前的一～二個星期便寄到受邀人手上，以利受邀人行程的安排，最慢也要在開業前3～5天派發主要人員、主要顧客的邀請函。

至於要邀請多少人？哪些人會來捧場？有沒有相對應的準備？有充足的人手可以協助嗎？周全的事前準備及適量的工作人員，將讓活動更順利的進行，確保每位賓客都受到最好的照顧。

## 邀請對象

具有一定規格的美容沙龍開幕時，若能邀請政商名流列席，對美容沙龍以後的發展將大有幫助，但這要視沙龍經營者的人脈和公關能力而定，並不是每個經營者都喜歡（或適合）走這樣的路線，如果沒有相對應的條件，此舉將會適得其反；再者，若是屬於經銷商或加盟店的性質，通常總公司會有高階主管甚至於負責人親自出席；接著就是最重要的來賓：所有的老顧客、親朋好友，這些將是日後支持店家、產生實質業績的一群人。發送邀請函的對象包括：

1.政商名流：這需要看你的店規模和交際活動範圍而定。

2.美容沙龍原有的老顧客，特別是「金主級」的顧客，千萬遺漏不得。

3.美容沙龍老闆、員工及相關工作人員的親朋好友。

4.生活圈（商圈）內的目標顧客。

## 宣傳期

開業前半個月左右是重要的宣傳期，資本雄厚的沙龍可安排電台或電視台宣傳或訪問，為開業當天的活動及各式的促銷優惠活動鋪路，並在開幕前一周，開始在目標人群集中的地方派發宣傳單（或是面紙包、優惠券等），以吸引更多的人群注意，在開業當天即能成功造勢，為以後的經營打下良好的基礎，並為開業活動期（一般約為一個月）的促銷活動，吸引更多的來客。

## 開業物品

開業用的物品如氣球、花籃、茶水、水果等，可自行準備，也可外包給專業的雞尾酒會公司處理，業者要看沙龍的規模以及預算來做決策，但無論選擇哪一種方式，整個流程、動線、人員安排等，必須要有組織、有系統，並提早策劃流程，每個環節要有專人負責，環環相扣，如此才能將開業的氣氛營造好。

開業前會有來自各方的賀禮，常見有花圈、花籃、彩球、盆景、擺飾等，若是在開幕前就收到，必須將它全部放置在恰當、顯眼處，以免對贈禮者失禮；若是在開幕當天才收到，也應該妥為放置，以表達對贈禮者的尊重與感謝。有人視政商名流的賀禮為個人身份地位的表徵，也是個人社交人脈的展現，是一種無形的廣告與宣傳，雖賀禮主人無法到場，但亦能創造出不必言說的廣告效果。

## 開業當天人事佈局

這是沙龍老闆組織能力的展現。如果是一人公司，舉辦開幕活動時也會需要人手來幫忙招呼客人，如果是具規模的公司，更需要好好分配內場與外場人員、內務與外務等工作要項，活動時手忙腳亂，會讓顧客在上門消費之前就大大扣分。

1.**接待人員**：為來賓開門、奉茶、帶位等，若規模不是很大的沙龍，通常是由美容師來替代，一方面減輕人力需求，另方面可算是與顧客的「第一次接觸」。

**2.店長及老闆：**店長是整個美容沙龍的管理者，應該要能顯示出管理者的格局，給人「望之儼然，即之也溫」的感覺，讓人可以親近、但又莊重大方，言行舉止得體，遇事機敏而又冷靜。而老闆是指美容沙龍的投資者，所以開業這天容許他的「得意」，只要莫「忘形」即可。開業這天可是老闆的「大喜之日」，可以盛裝打扮，給人喜氣洋洋的感覺。有些沙龍店長及老闆是同一個人，甚至在人手不足的狀況下，亦兼任美容師的工作，這種「校長兼工友」的創業者，必須適當調整自己的角色，切不可混淆。

**3.後勤支援：**主要負責一些後勤、對外聯繫、供應外場所需的事務，如物品的準備與發放、禮儀慶典的聯繫、午餐的準備，酒店的聯絡、貴賓的確認等。找一處事細膩、工作認真負責、可以信任者，最好由專人負責才不會出錯。

## 開業當天的活動安排

在縝密的規劃之下，相信開幕活動將能順暢進行，並為你的沙龍帶來最好的經濟效益。無論何種形式的開幕活動都無妨，只要一切都在經營者的掌握之中，就是成功的開幕活動。

活動結束後，經營者可斟酌宴請當天所有到場協助的親朋好友及員工，以顯示老闆的格局與經營人心的手腕，這點非常重要，千萬別因為勞累了一天而有所忽略。

# 5-2 展業初期活動規劃

風風光光開幕之後，接下來成功的延續活動，才能銜接開幕當日的氣勢與架構，快速步上營運的軌道，產生真正的業績。

如何讓別人知道你這家店？你有沒有做過詳細的年度推廣計劃？下面列出一些開業前期必要的措施，供創業者參考：

1.**再試一次**：開業前已經進行過許多前置活動，市場回應如何？目前店內的顧客比例是親朋好友多、還是陌生客多？摸索當地市場人群的生活及消費習慣，找到合適的切入點進行宣傳，才能儘速融入市場。

2.**確認宣傳活動回應**：發廣告傳單／面紙的宣傳方式效果如何？沙龍老闆要監督實施每一個細節，特別是宣傳內容要著重在該店的各項特色及招牌療程/產品。

3.**深入開發**：運用合適的宣傳手法，深耕附近商圈，並不斷從中反省和找出最佳模式。

4.**經營規劃**：關於前期積極的衝刺、中期的目標，長期的發展方向，目標內容以及如何達成，相關的實施細節及內容，都必須要有明確的規劃。

# 經營管理篇

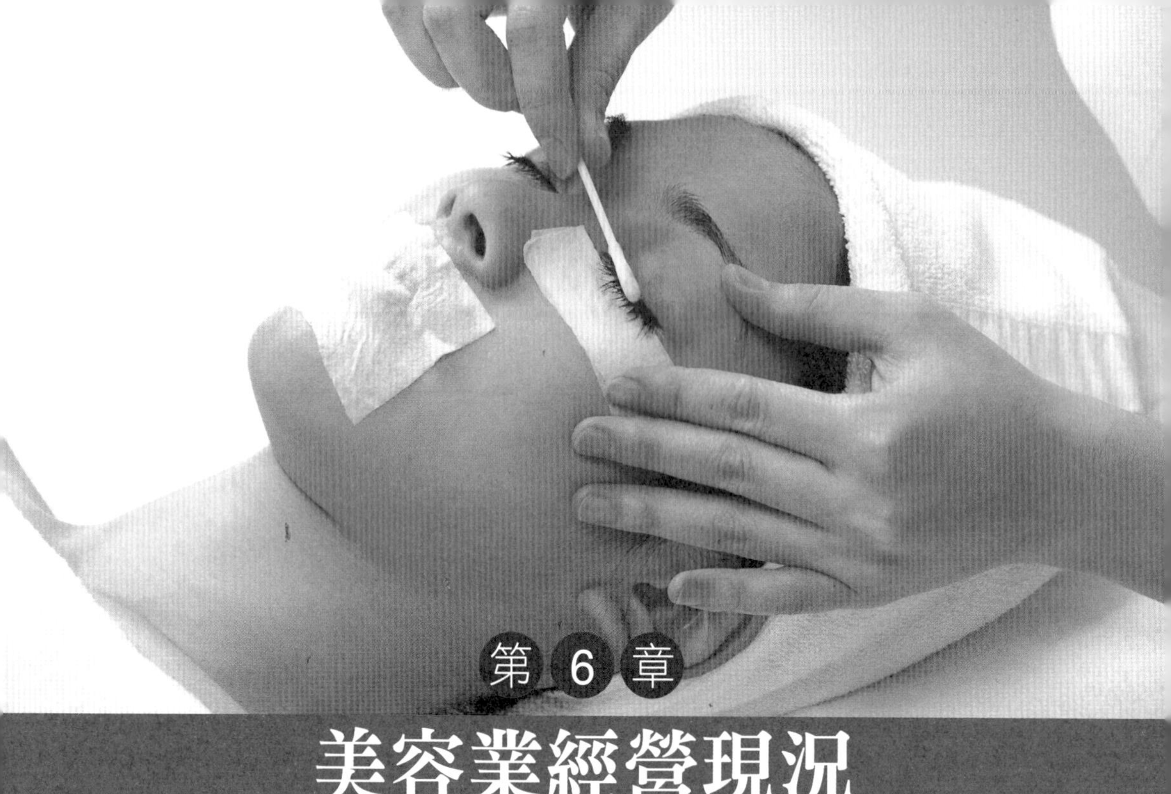

第6章

# 美容業經營現況

## 6-1 經營管理更勝技術及產品

在多年的美容產業經驗中，深切感受到美容界其實不缺技術及產品或儀器，而是缺乏正確的「經營管理」方法。除去真正基本功不完備就去開店的「敢死隊」型老闆不說，論技術，每個人都宣稱自己是「獨門秘技」；論產品，每家都說擁有特殊得不得了的商品及儀器。店內新舊儀器混雜，有時多到可以開一家儀器店了。

經營會產生瓶頸的問題店家，往往都不是單個原因造成，而是無法將經營管理及顧客等要素環環相扣。有時是老闆自己的技術非常好，但請來的員工不怎麼樣；有時是員工非常優秀，但卻跟到了一個無能的老闆；有時是好員工和好老闆，但卻不會行銷和管理，只能靠技術賺點微薄的利潤，而讓事業無以為繼。

在第1章當中，我們已談過台灣美容市場的演變歷史，並將美容市場的現況做了介紹。所以業者從中應當可以明白：唯有不斷提供高品質的產品與服務，並提供滿足顧客需求的企業，才能算是贏得顧客，並建立永續經營的基礎。簡單來說，掌握顧客的需求，就是掌握了市場；但能夠掌握自己的優缺點，才是掌握了成功的關鍵。

隨著社會的多元化與迅速發展，顧客的需求也愈來愈多元化，甚至隨著環境改變而有差異。經營美容沙龍，對內必須潛心修鍊，對外則要伸出觸角，隨時保持對市場需求的敏銳度。

美容產業是一個極端講求感性消費的行業，顧客除了對技術的實質要求外，對於硬體設備、環境氛圍、舒適度以及服務態度等週邊條件也愈來愈重視。若沙龍內的顧客經常無緣無故流失，必定是哪裡出了問題，需要檢討顧客需求是否改變？對服務是否不再感到新鮮或滿意？或者有什麼業者沒有注意到的疏失？有時問問消費者，聆聽他們的聲音，會有不同的收穫。

經營美容事業跟經營餐廳一樣，必須要有幾種不變的「主菜」，搭配跟著時代變化的「新菜」，並隨時察覺顧客口味的改變，想辦法滿足，事業才能愈做愈成功。

有些經營數十年的老品牌保養品，雖然跟著時代變動而增加新商品，但也為老顧客保留了某些舊時的包裝、顏色、味道和配方不敢任意更動；而百貨公司每年大費周章改裝內部，重新安排櫃位及動線，就是要維持顧客對於新鮮感的需求，並刺激感官欲望，造成購買的衝動。

但因消費屬性不同，所以美容業者身在其中，更應當看清楚自己能力所及和鎖定的市場。美容業在1990年代後期，由於時勢所趨，經營的型態逐漸由傳統、家庭式單店，發展成加盟、連鎖式的專業化經營，讓一些光憑技術而無經營管理技巧的小型美容沙龍難以招架。本書第7章提供一些中小型美容業者用得上的企管知識，希望老闆們運用這些管理知識與技巧進而自我診斷，才能將店務拉上軌道。

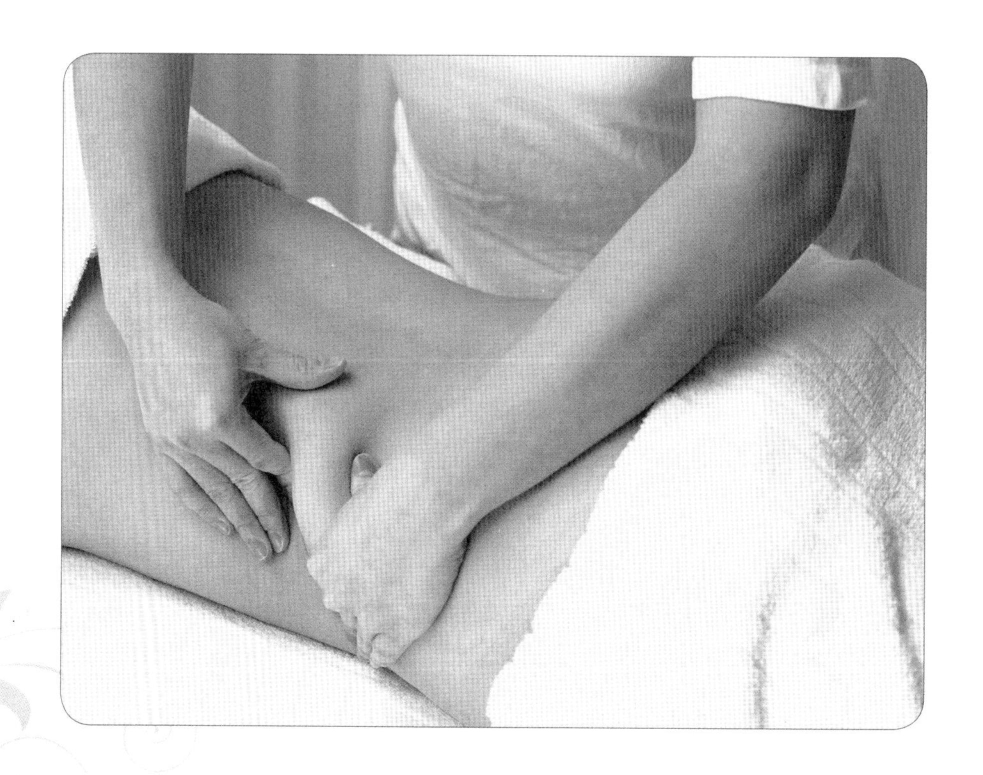

# 6-2 美容沙龍收入結構剖析

美容沙龍的收入來源，大多為臉部護膚、美體、經絡按摩、化妝品及保養品銷售的收入，其中，護膚保養是美容店家主要收入來源，一般而言約占營業額一半以上，其次是美體約占四分之一，美容化妝品及保養品約只佔一成左右收入。

為什麼在過去獲利良好的「美容保養品」銷售會掉到只剩下一成呢？其主因在於近幾年美容業逐漸由傳統、家庭式、單店，轉為加盟連鎖的「專業化經營」路線，由於加盟連鎖店擁有高知名度，而且加盟連鎖體系總部在整體行銷及後勤專業支援運作方面，補足了個人店單打獨鬥的不足，當然大大提升了加盟者的競爭力，但那些未加盟的店家就只能靠自己有限的智力和財力去拚搏了。

再者，化妝品及保養品廠商佈下了綿密的銷售通路，跨越了過去「供應商」的界限，直接面對消費者，而且用各種名目不停地促銷，讓顧客有很多資訊來源及比較的空間，以致於影響到美容沙龍在商品的銷售空間，消費者也樂得大撿便宜。加上2001年後引發的保養品DIY風潮，導致美容業運作的規則被破壞並改寫。

面對供應商的低價傾銷，個體戶的美容師當然競爭力大大減弱，所以顧客在此購買化妝品及保養品的意願當然越來越低，使美容師在銷售保養品的獲利能力日漸低落，美容店家只好靠純技術賺取微薄的服務費。在化妝保養品代理商銷路日漸多元化及不斷推出促銷方案的夾攻下，預期美容店家銷售化妝保養品的業績將會持續探底，也就是說，以往美容沙龍最有利益的那塊大餅，已經落入其他通路的手中。

在經營的型態上，國內有很多是美容師一人獨立經營的家庭式美容沙龍，講個人技術，不講究設備、裝潢和環境氛圍，以收費便宜取勝；也有同樣是一人獨立經營的專業美容沙龍，個人技術超優，專業度、設備、裝潢和環境都在水準之上，但收費高昂，通常是針對某些特定族群服務；也有些是僱用2、3個美容助理的小型美容沙龍，或者是附屬在美髮沙龍的美容室，雖然各據山頭，但是這類美容沙龍較少注意整體的企業發展，顧客多半是熟客，因此可以平穩經營，但也難有突破，經營不順暢時，就頂讓出去，這種情形很常見。

# 6-3 加盟連鎖店的興起

國內美容市場的發展已經很成熟，但是市場仍舊非常混亂，探究主因在於多數業者沒有企業化經營的觀念；反觀連鎖經營的美容沙龍，因為有一套與家庭式或傳統小型沙龍完全不同的經營方法，例如：使用會員預約制、費用預收、在某一期限內完成課程，因此沙龍有穩定的客源，美容師的時間不會閒置，收入較穩定，也因為擁有整套經營管理制度，使得客源穩定、美容師有機會昇遷，所以工作的士氣和戰鬥力當然會比傳統沙龍高昂。

加盟連鎖體系的總部，在整體行銷、後勤、專業度、支援、運作等方面，可以為店家降低很多成本，尤其是廣告費的分攤更加明顯，也比個人化的單店擁有更高的知名度，故近來經營成效異軍突起，獲得許多美容師的青睞，因為自己單打獨鬥沒有力量、武器也不夠，而且剛創業的美容師面對市場的各種變化，大多還是缺乏自信，所以選擇加盟連鎖體系成為其中的一份子，希望能從中獲得力量。由於採取整體作戰法，因此有能力運用廣告塑造品牌形象，終而形成良性循環。

但也因為加盟方式能有效拓展市場，故淪為有些不肖廠商吸金的手段，在預收了加盟店或是會員的費用之後，即惡性倒閉，讓受害者求償無門；也有些加盟體系總部體制不完整，自己都缺人輔導如何能輔導店家，所以通常很快就退出市場，留下一些想經營但卻無以為繼的店家苟延殘喘。所以奉勸連鎖加盟業主，應該付出更多心力把店架構完整，因為你所影響的層面、肩負的責任，已非個人的成敗，怎可不慎！

# 6-4 幕後廠商跳到第一線

過去位居幕後的化妝品及保養品廠商，因為美容師的成績單漸漸不夠支撐他們的整體營運，所以也不安份地跳到第一線，讓原本屬於小盤的美容店家頓時慌了手腳，因為這些廠商不但不再是幕後的供應者，反而站到第一線，不停用各種包裝精美及鋪天蓋地的行銷手法及多元銷售通路來跟美容師搶食市場，再加上網路資訊發達的推波助瀾，美容師簡直是被「淹沒」了。顧客的消費型態轉變，樂得跳過小盤、中盤、大盤的傳統銷售管道，直接向上游製造商購買，當然顧客在傳統美容沙龍購買化妝品、保養品的意願也就越來越低，這也使得傳統美容沙龍在經營管理及獲利能力上，產生了明顯的弱勢，也形成了很大的競爭壓力。

更甚者是原本應該隱身在化妝品工廠背後的化工原料供應商，竟然也跳到第一線銷售，而且還教消費者「DIY」，這對整體美容業的影響力一直延續至今，造成的影響實在非同小可。

然而，化妝品的成本結構並不只有來自材料，它的形象建立、品牌定位、廣告、管銷費用等，都是形塑品牌必要的成本，如果因此說美容保養品、化妝品是「暴利」的行業，對這個行業來說未免太沈重了。

曾經蔚為風潮的「化妝品DIY」，利用這個破壞化妝品價格的美麗神話後，產生了鉅額的商機，這種經營模式其實就是「品類殺手」，什麼是「品類殺手」呢？它是指：以某一特定類商品為經營內容，在專業化的基礎上，做精、做全、做大，朝著規模化的方向發展，並利用商品齊全、物美價廉等方式獨大。

品類殺手的殺傷力源自於以下原因：

**1.專業豐富的商品種類**：「專業」是品類殺手的最大長處，充分滿足顧客比較與採購的需求，而且集中在一個主要的品類上。

**2.具競爭力的價格**：不一定是低價，對於可提供獨特價值的業者而言，或其中具設計創意的品項，不必以低價取勝，但如果能採低價，無疑更增加其競爭力。

**3.一站式購物的便利**：對於忙碌的現代人而言，時間是很寶貴的，如果能把所有關於保養品的購買全部集中在一個點，當然是最理想的。

**4.優質的銷售服務**：銷售服務依消費時點可分售前、售中與售後服務，其中售前服務部份，品類殺手會印製精美的型錄（eDM），定期提供給名單顧客，同時在售後服務方面，配送、安裝、退換貨與諮詢服務都必須同等專業才行。

**5.個性化的購物環境**：塑造令消費者願意駐店的商店氣氛是很重要的，因為顧客進入品類殺手型店舖通常會逛兩個小時以上，像IKEA賣場中隨處可見鉛筆、紙尺與購物單，就是為了提供顧客個性化的購物環境。而網站的設計也是如此，好的網站要能吸引消費者駐足選購，而非僅是隨意瀏覽而已。

品類殺手可說是商業上的殺手級應用法，以化妝品DIY為例，這種「自曝其短」的作法，就是一種創造性的破壞，先混亂了大家對這個商品的認知、徹底破壞這個行業的形象，在消費者急著問「怎麼辦？」或是「這些材料哪裡買？」時，再以救世主的專業形象出來拯救群眾，是一個高手級的商業奇招。如果沒有堅強、多金的營運團隊架構來支撐，千萬別輕易嚐試。

# 6-5 惡性競爭歪風

國內目前行動美容師、獨自創業、家庭式的美容工作室、和大小不等的美容沙龍，三步一小間、五步一大間，每年又都有為數眾多的美容師，從各大專院校、職訓機構培訓出來（美容職訓中心也是一塊市場大餅，可以銜接政府的政策、申請經費補助，對於熟悉政府作業的美容師，也是在創業之外可以參考的發展取向），服務多元化的大型SPA館，店數也一直在成長中，加上各地診所或醫院轉型及附設醫學美容中心等，真可以說開店的人比顧客還要多。當市場的供給大於需求時，經營方式及利潤空間將日趨嚴峻。

這些已創業、未創業或是將創業的美容師，雖然已有證照制度的初步過濾，但畢竟所學有限、素質良莠不齊、服務品質無法掌握，也沒有適當的主管單位加以督導及控管，所以產生了很多遊走在灰色地帶的現象。

有些以利益為第一考量，不惜以低價惡性競爭，企圖搶攻市場。在受到價格戰的影響下，許多消費者也因為低價消費模式的引導，吃慣了甜頭，在接受護膚保養及美容相關服務時，都以價格為優先考量，消費者還理直氣壯的說：「反正低價的選擇很多，慢慢比較才划得來，消費的過程也比較不會感到心疼！」此現象不但擾亂市場秩序，也大大壓縮業界的獲利空間。

由於美容市場大餅爭食者眾，再加上2000年後連年物價波動、漲聲四起，消費者的實質薪資在物價指數提高之下，相對是不斷地縮水，美容這種非必要消費，甚至被列入「奢侈品」類的支出，當然是消費者刪除預算的首當其衝。

在客源有限且還大大減少的影響之下，小規模的沙龍或是美容工作室，大都只能靠個人關係才能勉強維生。在發展及獲利皆被壓迫的情況下，不具特色或競爭力的小規模沙龍，可預期的將步入「便利商店取代傳統雜貨店」的命運。

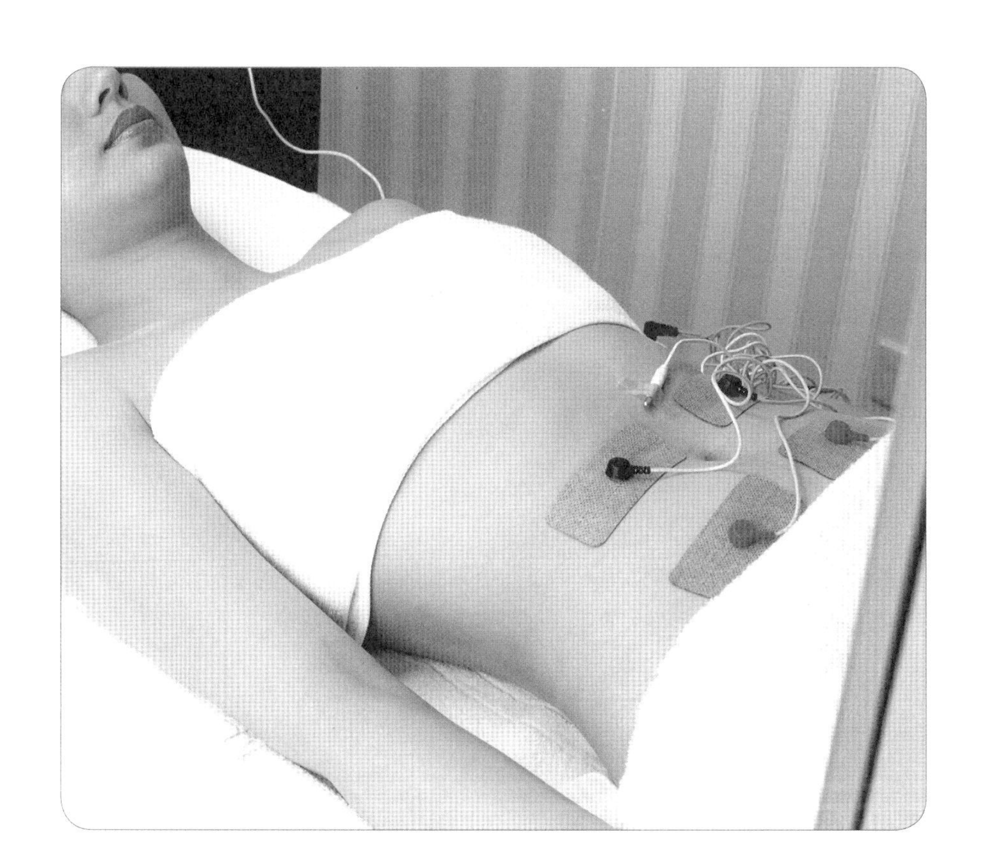

# 6-6 為什麼新顧客不來，舊顧客留不住？

很多美容沙龍如今只能靠技術服務來支撐營運，無法享有銷售化妝品及保養品的利潤，美容師淪為「手工」業者，純粹靠勞力支撐營運；且現今顧客對於美容的需求較為多元化，消費的穩定性及忠誠度較無法掌握，故產生了「大者越大、小者越小」的M型化趨勢，對於看似悲觀的營運情況，美容業者該如何因應呢？

美容業是一個高獲利、高成長性的產業，然而由於競爭者眾，經營成功率相對降低了。據市場觀察發現：一家新開幕的美容沙龍，在開業半年內，因經營無法步入軌道、損益無法兩平而導致頂讓的比率，大大高於同為服務業的其他業種。美容市場是否已達飽和呢？事實上，台灣美容市場規模雖然有限，但仍有很大的成長和進步空間，業者若在經營管理上追求提昇與進步，仍能擁有忠實顧客的愛戴。

美容業是一個以服務為主導的行業，所以想要在這個行業有所成就，便需具備「服務」和「銷售」兩大基礎能力，加上經營要有特色，否則要有所成恐怕不容易。而經營無法步入軌道通常有二大主因：

**1.新顧客不來**：從消費者的角度來看，對於新沙龍的一切都很陌生，要接受服務可是要鼓起相當的勇氣，所以，若能爭取到新顧客入門，你已經克服了經營無法步入軌道的主因之一了。

**2.舊顧客留不住**：沙龍要留住顧客，不是靠手段和交情，而是靠服務與專業水平。客人在接受第一次服務後，如果對技術和服務皆感到滿意，就會對美容師和該店家產生好感與信任，自然會再回頭消費。而且如果在經過一段時間護理後，皮膚有了明顯改善，就會口碑相傳，生意自然就會越來越好。道理簡單，但做起來困難，因為等待收成的期間無法估計，「燒錢養店」的勇氣和資金不是每個人都有。

適者生存，不適者淘汰，各行各業如此，美容業也不例外，市場開拓的關鍵是你要如何吸引新顧客上門，且想盡辦法留住老顧客。美容業的入門檻並不高，只要對這個行業具備高度的熱情和興趣，一般知名美容連鎖業者，都會願意提供整套教育訓練，較困難的是經營技巧和服務技術。「知」不難，如何「做」才是重點！

從事美容業，一定要把自己定位在「服務業」，而不是「零售業」，這樣的發展才不會失焦，而且對客人要保持高度服務熱忱，以及清楚自己技術層次的極限，不要對做不到的事亂下承諾，以免造成顧客的過度期待而產生失落；再者，必須不斷提升技術專業，對美容商品的熟悉度，一定要凌駕顧客之上，否則易被考倒，就會失去顧客的信賴，

此外記住：消費者會否再度光臨，無非是建立在有沒有被店家好好照顧的感受，所以你在服務的過程中，可以試著與客人聊聊，獲取資訊，這可以幫你掌握顧客的喜好。如果你對顧客的喜好和購物習慣瞭若指掌，推薦他們療程或是消費，被接受的機率當然會相對提高。

一位忠實顧客對於剛起步的小店是很重要的，他們就像一顆小種子，適當的照料才會讓它發芽、生根、茁壯。你的店只要讓消費者認同，產生物超所值的感受，加上適當的行銷包裝，雖然競爭激烈、景氣低迷，還是能吸引消費者的青睞。

# 6-7 針對自我特質找對經營型態

在店的發展型態上，如果你是傳統、單店式的美容沙龍，可考慮加入加盟體系以擴大資源、客源，或可轉型成健康、美容相關用品店，或是提昇為較高階的day SPA、city SPA方式，或採取多角化複合式經營，例如可結合有機食品、健康食療、運動健身、瑜珈等，如果個人的專業水平及專業知識足夠，也可跨足美容教育，除了可作育英才之外，還可累積品牌實力，在時機成熟時，甚至能成立加盟總部，複製know-how與成功經驗，如此發展不但可能名利雙收，也是前景可期。

上述這些方法，不論是用來提高坪效、提升經營水平，或是採特色化經營，目的都是希望增加營業收入。但是你在決定方向之前，還是要考慮自己的特質，定位要明確，就算是選擇加盟這條道路，也不要只管付錢、傻傻的不做功課，雖然加盟總部會提供很多協助，但經營的人畢竟是你，若公司走向不符合你的專長，也不是你所喜愛的方式，那也是無法成功的。記住：加盟只是眾多經營方式的一種，並非成功或是獲利的保證！

而若是轉型為健康、美容相關用品店，也要顧慮你手中原有的客群屬性，如果他們是購買意願一向不高的族群，你貿然轉型不但不會成功，而且會流失原來已得之不易的顧客，除非你展現壯士斷腕的決心，不顧初期的風險。但在事前還是得做功課，以免白忙又賠本。

至於提昇為較高階的day SPA、city SPA這種營運方式，適合高技術水準或是以技術為特色的美容師，裝潢、設備其實還在其次，如果你

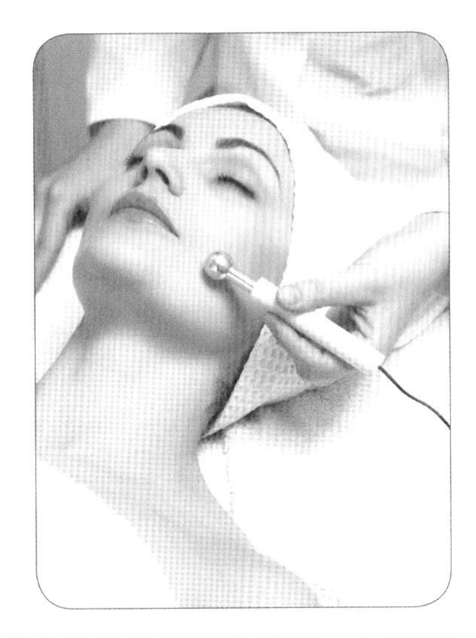

的技術很優，但不是很會銷售產品，客人的穩定度及包期率高，以SPA為經營導向會是較好的選擇，否則若是一個技術很好但銷售力很弱的美容師，硬是轉型為以販售商品為主的店家，是會吃虧的。以此為營業主軸的美容師，雖然收入尚佳，但要顧慮體力、健康與技術傳承的問題，而且以技術為主的店家等於要聘用較大量人力，在人事成本及流動率、管理方面要格外用心。

大部分美容店家的營業方式還是以美容結合美體較為常見，但若以多角化、複合式經營為思考方向，還可以結合美髮、美容、美體，等於有三大營業項目，優點是讓顧客不用東奔西跑，有更方便、更快速、更舒適的選擇，以提高「顧客佔有率」，但缺點就是：這三個服務項目，若是其中有某一項讓顧客不滿意，顧客可能會全盤否定這個店家，落得徒勞無功的下場。所以想用這種複合模式經營的美容師，除非是以技術合夥的型態來經營，否則最好還是不要輕易嘗試。

另外也可結合有機食品、健康食療、運動健身、瑜珈等相關或是延伸的服務項目，雖然表面看似增加很多機會，但成本的壓力也不容小覷，而且在管理上也要相當費心，適合身段靈活、統合力很好的美容師嘗試。建議在創業初期可以與相關業者異業結盟，一方面可以節省成本、互蒙其利，一方面又可當作複合經營模式的嘗試，才不會因經營項目繁多而失焦。社交能力較好的美容師，不妨一試！

# 第7章 美容業管理

## 7-1 美容沙龍管理七大地雷

當您的沙龍有如下問題時，請趕緊修正：

**1.只用「人腦」建檔**

**情況敘述**：為了怕麻煩，店家不要求、美容師也不建立顧客檔案，或僅僅是應付性質，只寫了一些姓名、地址、電話等基本訊息，對於顧客的背景資料，美容師也全憑印象，以面孔、特徵等方式記住顧客。

**可能後果**：等意識到某顧客好像很久沒來消費時，客人早已成為別家的座上賓了，即使花費很大的力氣跟進都不一定喚得回。

**改善方式**：不要怕麻煩，該做的必須要求。關於顧客的售後服務，最好在消費過後48小時內完成。與其事後再用盡辦法跟進，不如在服務的當下就盡力做到最好，任何的售後服務都應當視為服務的強化，而不是補救。

## 2.喜新厭舊

**情況敘述**：店家或美容師以為老顧客已經是「自己的人」了，所以只對新顧客笑臉相迎，對舊顧客愛理不理，直到舊顧客到了購買療程或產品的時間，才又擠出笑臉。這種店家可以說是「金錢至上」的類型，難以累積忠實的顧客。

**可能後果**：老顧客因感受不佳而離開，成為別家沙龍的新顧客。

**改善方式**：舊愛新歡同享寵愛，天底下沒有絕對忠誠的顧客，一切都是在兢兢業業的努力之下維繫的。

## 3.有勇無謀

**情況敘述**：盲目聽從顧客，否定自己或員工的意見，然後改變產品、儀器或經營方針、任意調整價格與人事、大做裝修工程。

**可能後果**：在缺乏分析的情況下，做出許多錯誤決策，造成資源及人力的浪費。

**改善方式**：對於任何改變都樂見其成，但切勿衝動行事，應三思而後行。

## 4.對顧客需求一廂情願

**情況敘述**：顧客的需求雖說是業者挖掘及創造出來的，但宣傳廣告僅就單個面向自吹自擂，像是宣傳儀器、產品品名，或是療程價格，卻沒有提及特色及沙龍在技術或是療程上的專業，無法有效網住沙龍所要的顧客。

**可能後果：**來的顧客不是你想要的，或是廣告宛如石沈大海，杳無音訊。

**改善方式：**可以強調其他客人選擇來此消費的原因，並提供相關療程及產品說明（但要特別注意關鍵字的使用，以免受罰）。常見的方法是顧客具名或是附有相片的推薦，這種方式將可吸引與推薦者近似的對象。雖然很多人用，但很管用。

### 5.定位模糊、盲目跟從市場

**情況敘述：**同業互相抄襲，別人推什麼主題就跟著推，到最後落得以價格戰收場；或者做出大鍋菜式的廣告宣傳活動，活動內容什麼都有，但顧客什麼都看不進去。

**可能後果：**沒有自己獨特的廣告特色，故無法產生廣告效益。店務經營像是多頭馬車，能量浪費及互相抵消，如果沒有及時挽救，很容易被市場淘汰。

**改善方式：**參考本書第一篇，紮實的將自己創業的功課再重做一遍。

### 6.有「家」的感覺？

**情況敘述：**在沙龍中營造「家」的感覺，例如自己下廚、留顧客吃飯，把應該充滿馨香味的沙龍搞得油煙四處；把員工當家人般照顧，所以變成無法要求與管理；男性老闆把美容師當成老婆般疼愛，所以關係變得複雜，造成誤會。

**可能後果：**把美容沙龍的工作環境打造像個大家庭，表面上和顧客拉近了關係，實質上就難以樹立美容沙龍的專業形象，讓顧客在消費時感受不到清新氛圍，因而影響到消費群體與收費情況。而和員工之間的互動與相處模式應該要釐清，否則管理勢必流於散漫，員工會愈來愈難管，到最後會管不動。

**改善方式：**家就是家，沙龍就是沙龍，就算是家庭式的沙龍，都應該有獨立作業的空間，不應該和居家生活混為一談。除此之外，和顧客及員工之間，還是要謹守該有的分際，公私不分、糾纏不清的關係，將讓店務經營、顧客關係與人事管理變成理不清的難題。

**7.因小失大**

**情況敘述：**美容沙龍為了招徠顧客，只收體驗價或甚至不收取費用。

**可能後果：**此舉表面上吸引了顧客，增加了來客率，實際上嚴重影響了擁有較高消費力的優質顧客，反而會出現許多非常挑剔又沒多少購買能力的「奧客」；或者是沙龍為了損益兩平而對顧客強推強銷，導致反彈與負面形象。

**改善方式：**所有的促銷活動應該在再三評估與思考後，以環環相扣的方式進行。體驗價或免費活動並非不可行，但必須要在有條件限制下操作。當你見到別的店家在推類似活動時，千萬別衝動跟進，有時你看到的只是後續的策略，而非表面上你所能理解的活動。

# 7-2 美容沙龍重要之五管

一般企業管理最基本是由「生產管理」、「行銷管理」、「人力資源管理」、「研究與發展管理」、「財務管理」五管所構成，五者缺一不可，都要面面俱到。當然隨著時代的推移，還增加了諸如資訊管理、物流管理等要項，業者可以視實際需要增減，但最基本的還是不脫這五管。

若解構一個成功的美容業，會發現原因絕對不是僅止於表象所見的生意很好、裝潢很美、產品好用、美容師很親切等因素而已，必定是用心經營、管理得當。右頁就美容業相關的五管，作成參考表格，將有助於落實美容沙龍的管理，確立一個自我檢視的方向。

若欲使五大循環體系之各個工作環節順暢執行，必須將工作流程標準化、法制化，故將SOP（標準作業流程）導入沙龍管理，可以提昇整體之營運效能。

美容沙龍重要五管中的「美容沙龍最佳策略參考」雖然看似簡單，但在要轉化成最適用的實際策略時，若沒有堅定的經營核心者，往往會舉棋不定。而提高效能與效率的工作方法包括：

1.只做重要的事，縮短工作時間（20/80法則）。

2.縮短工作時間，只做重要的事（帕金森定律）。

## 美容沙龍重要之五管

| 五管 | 全名 | 美容沙龍最佳策略參考 | 沙龍自擬之實際對策 | 評估結果 |
|---|---|---|---|---|
| 產 | 生產管理 | 1.最少的生財器具 | | |
| | | 2.最少的庫存 | | |
| | | 3.最低的成本 | | |
| | | 4.最少的現金 | | |
| | | 5.最小的場地 | | |
| 銷 | 行銷管理 | 6.最大的銷售額 | | |
| | | 7.最高的利潤 | | |
| | | 8.最有效節省的行銷工具 | | |
| | | 9.最單純的行銷方法 | | |
| 人 | 人力資源管理 | 10.最節省的人事成本 | | |
| | | 11.最精簡的人事組織 | | |
| | | 12.最好管理的狀態 | | |
| 發 | 研發管理 | 13.儘量外包 | | |
| | | 14.別人的研發 | | |
| | | 15.老二哲學 | | |
| 財 | 財務管理 | 16.最簡單的財務管理 | | |
| | | 17.最大的槓桿作用 | | |
| | | 18.最少的借貸比例 | | |

# 7-3 成功美容沙龍的自我檢視

大家都知道成功無捷徑，必須在「三本」上盡最大的努力。哪「三本」？就是「本錢」、「本人」，還有最重要的「本心」。

## 本錢

很多人老愛抱怨環境不好、懷才不遇，事實上真是這樣嗎？在向外看之前，請先向內找，你真的做對了嗎？如果你是顧客，你買自己的帳嗎？你的底子夠厚實嗎？功夫沒練好就上陣，只是逼迫自己向世人宣告「我還沒準備好」！

暢銷企管作家柯林斯強調：你所跨出的每一步，都應該是下一步的階梯（墊腳石）。就如同轉動一個巨大的飛輪，一開始是辛苦的、耗費心力的，待飛輪累積了夠多的動能之後，它就能自己飛快轉動了。你看別人的事業飛輪完美地旋轉，可知那是多少心血換來的？

確定自己選擇的那個飛輪是正確的，是你全力以赴要推動的，然後專心致志，能量集中的推動它，它終將以超乎你所想像的轉速來回饋你的努力。

本錢指的不止是「錢」，雖然創業初期銀彈的充裕與否，可以決定你存活的時間及是否可以熬過艱困的草創期，但不管你有多少本錢，重要的應該是如何使用及如何調度，況且創業時有著很充足的資金，往往都會低估了失敗的參數，要小心。

「人脈」也是重要的本錢，幾乎所有的創業者在經營初期，都是靠親朋好友的支持與宣傳才能熬得過，平日廣結善緣真的很重要。

## 本人

雖然致富率是「OPT」和「OPM」，意即「他人的時間」和「他人的金錢」，但是不代表可全部委由他人處理，然後由你收割。創業時你可以雇用他人來協助，但凡事還是盡可能親力親為，重點不在於節省開支或是把你綁在現場，而是「本人」親自參與方能通盤了解事業，進而掌握、決策。

很多人經營美容事業屬於「專業投資者」的角色，只顧著把錢投入，然後東拼西湊找專業經理人來掌舵，就希望在短時間內可以見到績效，以美容服務業來說，這種經營模式真的很危險。服務無法量化，更無法大量輸出，美容服務業的投資者要在短期內收到成效，是不大可能的，若是你將算盤打得很精，績效當然可以如你預期，但很容易會壞了這個事業的永續經營。

## 本心

這個事業是你發自內心想要投入的嗎？還是只因為它有商機？如果你的動機是「發自內心」以外的原因，那你會很辛苦，而且會愈來愈辛苦。一個成功的經營者，是對事業充滿無限熱情、熱忱與動力，他絕對不會把「我這樣做是否符合成本」當作唯一的考量，雖然這樣的想法和實際的商業模式相衝突，但無論如何，都應以有利長遠發展為優先考量。

美容事業的主要顧客是敏感而纖細的女性，如果你的事業和營運帶有任何一絲絲的違心，她們都會嗅得出來。例如服務不真誠，只是一昧把顧客當「提款機」，療程只是應付等，那你花再多心思激勵都沒有用，因為那不是發自你的內心在做的事。

你也可以燃燒自己，賣命去做，並假裝自己很開心，但你很快會有一種疲憊的感覺，需要經常參加一些潛能開發或是心靈成長研習等課程來催眠自己，但這些外來訓練的有效期限將愈來愈短，你很快會受不了。就像是喝提神飲料或咖啡來振奮精神，起初通常有效，但是對這些刺激物會愈來愈依賴，所需的量會愈來愈大，終致讓身體不堪負荷。

檢視你的三本，一切都沒問題嗎？如果都做到了但事業還是不能上軌道，那你必須進一步思考下列問題：

**1.我賣的是什麼？**

如果亞馬遜把自己定位在「賣書」，那它絕不可能有今日的成就。它的經營重點在獲取大量的資料庫，為不同族群的讀者量身訂作圖書，達成作者、讀者、經營者的三贏。

7-11如果只是把自己定位在「較新式的雜貨店」，那它絕不會有今日的City cafe、多功能休憩區等經典之作出現，而且它最值錢的不是數千間的通路和響亮的品牌而已，是存了龐大資料可供各種分析的POS系統，精準掌握各項數據以便精準供貨，例如氣溫上升或下降一度，供應的冷熱食就有適切的調整。不要只看表面，要多想想。

**2.我的顧客是誰？**

為什麼你認定這是你要的顧客群？你對你設定的顧客群了解多少？他們有相對於你的回應嗎？如果不是，趕緊調整。

**3.我賺的錢主要來自哪裡？**

別拿其他事業賺到的錢，燒在一處你一無所知的地方。問這個問題有助於聚焦，想想你的「三本」，除非你有像英國維京集團總裁理察布蘭森那般能耐，他掌管旗下三百五十家公司，營業項目涵蓋航空、鐵路、通訊、金融服務及民生消費等，如果你做不到，還是老實安份一點。

**4.誰是我的主顧客？**

撐起你事業的金主是誰？如果你連誰是你的A級顧客都不知道，那可真是「有眼不識財神爺」。找出愛你的人，再加倍愛他們。

**5.我接下來要賣什麼？**

沒有永遠暢銷的商品，也少有不變心的客人。穩住你的基本盤後，必須加入一些創新，以延長顧客在此駐足消費的壽命。但切忌好大喜功，以為顧客買單是理所當然，所以胡亂推新商品或服務，導致反作用力，影響到原有的經營步調。

**6.我如何維繫既有顧客？**

當一切理所當然之後，就很難再產生感動了。顧客不是虛擬的名詞，是活生生的「人」，所以有些感受是無法「量化」和「計算」的，但只要你用心投入，相信這個問題很簡單，如果你覺得這個問題有點難，那你就是離第一線太久或太遠了。任何一個用心工作的第一線人員皆能有所感，光坐在辦公室發號施令，是無法讓你更貼近顧客需求的。

**7.我如何更輕鬆、更有效率地經營事業？**

事業是用來讓生活更幸福的，如果事業成功，但它讓你產生了倦怠感，也就是你的熱情不再時，那你就必須先停下來再重新出發。多少人讓事業變成自己生命不可承受之重，每天拖著老命、燃燒自己的靈魂，這真是太辛苦了，而這也表示事業的瓶頸已產生，適當的離開就是最好的治療，進修則是最好的管道。別冀望有神仙會指路，暫時跳出框架再充飽電，你自己便會明白如何經營得更輕鬆、更有效率了。

**8.我如何做到企業化經營？**

如果一個事業沒了「你」就無法運作，那它無法被稱為「事業」，充其量只能算是「個人式的小生意」，一旦營運上了軌道，你必須要擴大思維、開始佈局，團隊作戰。今日商場模式，最忌諱在專業上有所保留，現在是一個知識成本非常低廉的時代，你能夠分享得愈多，收到的回饋便會愈多。

企業化經營、運作、轉型，有很多的企管顧問公司或大學內的「創新育成中心」可以提供輔導和協助，並不會很困難。困難的是你的轉念，你的心打開了，商業架構也會跟著舒展開來，更能吸引優秀人才共事。這是一種跨越頭腦所能理解的心靈狀態，但它確實存在。

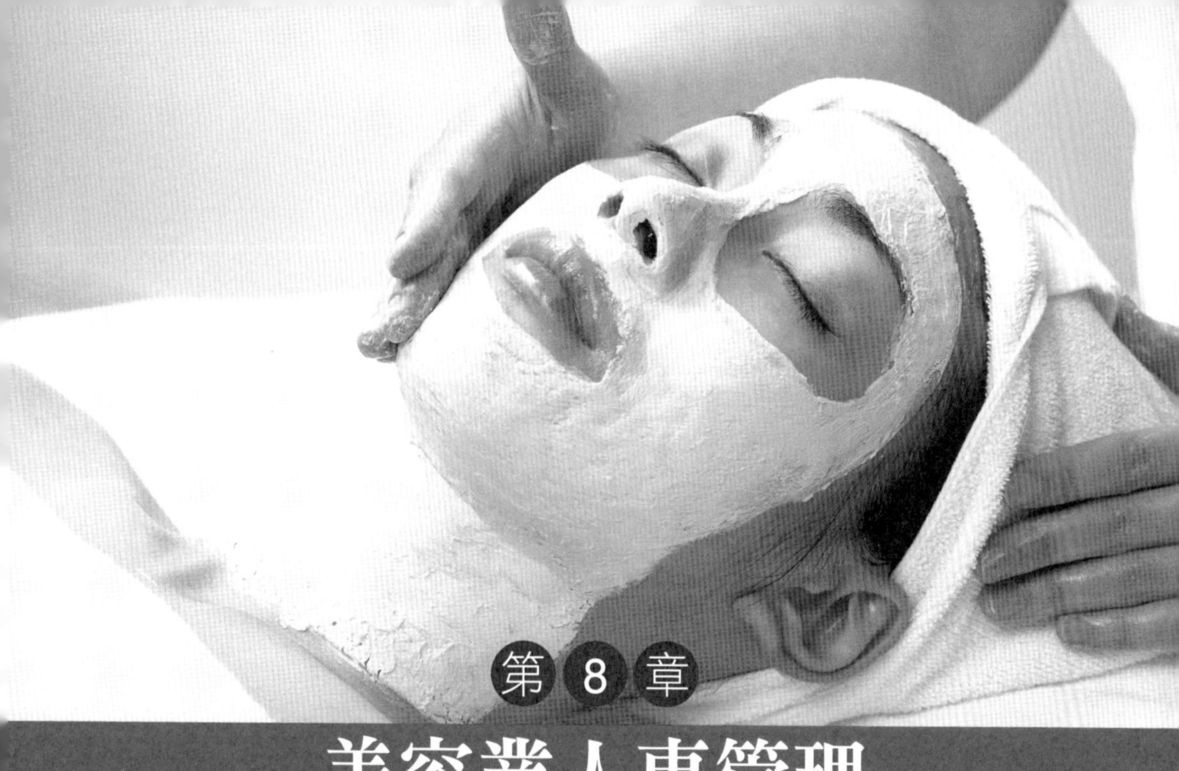

# 第 8 章 美容業人事管理

## 8-1 員工就是你的衣食父母

一個企業成也「人」，敗也「人」。名廚阿基師曾說：「一個人如果不會做『人』，就不會做『菜』！」著名的管理學暢銷書作者柯林斯，也用很多篇幅來談論「人」對事業成敗的影響力；曾子也曾以「用師者王，用友者霸，用徒者亡。」這簡單三句話，道盡一個領導者用才的要訣。可見得「人」在所有事情的重要性。

而談到人事管理，學問可就更大了。人是有生命的個體，不像是物品管理，只要歸了檔，就不會亂跑。人有思想、有情緒、有感覺，很難只以制度來管理。如果老闆有「人很難管」、「員工都管不動、講不聽」等感慨，最好能撥點時間自我成長，再次認清「人」和「管理」的關係，並藉機理清楚：你的衣食父母到底是誰？

身為一個老闆，你的衣食父母是誰，如果你能不加思索就回答：「員工」，那麼恭喜你，你是一個好老闆，是一個比較容易成功的好老闆。

親愛的老闆，員工是聘請來成為「你」的延伸，一定要善待。你可以找能力在你之上的員工，提升你事業的成績，但這一群好學生並不容易領導，需有一位好老師來啟發、激勵、教育、連結他們，你可以是那位好老師嗎？你也可以找一群忠心耿耿的士兵，能為了你的理想，拋頭顱、灑熱血，但你可以是那位好將軍嗎？

中醫診斷古來便以望聞問切之四診為主，然「望而知之謂之神」，一個好醫生只要透過細心觀察，便能發現病之所在，因為患者自認為的病，不一定是真正的病灶。

一位囉嗦的老闆，到最後他會有一群沈默的員工，因為員工全都講不贏他，所以要乖乖聽他的，然後這個老闆再跟顧問抱怨：員工都沒有聲音……

一位強勢的老闆，到最後他會有一群懦弱的員工，因為員工全都打不贏他，所以要乖乖讓他制伏，然後這個老闆再跟顧問抱怨：員工都沒有用……

一位自私的老闆，到最後他會沒有員工，因為你會算，員工也不是省油的燈，然後這個老闆再跟顧問抱怨：都請不到人……

當然，為了不得罪客戶，顧問不能直接告訴老闆：「是你自己生病

了喔！」所以，就症狀給藥，頭痛醫頭、腳痛醫腳，再不然開個「維他命」補補身子。

「員工都沒有聲音喔？那我們就常常給他們上課，鼓勵他們發言啊！」顧問說。

如果是我，我直接說：「那你這個老闆閉嘴！」

「員工都沒有用？那就換一批。」顧問說。

員工沒有用其實是老闆「太有用」，不敢放手和授權，這樣下去老闆自己就戰死在沙場上了，要員工幹嘛？

「都請不到人？登廣告啊？」顧問說。

我想，你要留一點「被探聽的本錢」，以免成為該行業的污點店家，這樣誰敢再跨進你的公司？

所以，對一家公司的觀察從跨進門第一刻起就能見微知著，通常如果環境整齊清潔，員工進

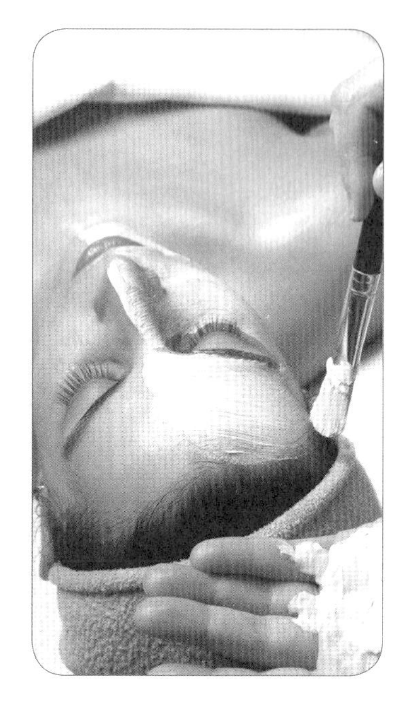

退有禮，這樣的公司制度應較為健全、領導者的組織能力較佳；若是員工見著老闆有畏懼的眼光，而老闆在賓客面前對員工頤指氣使，這樣的領導者可能是自視太高，無論多好的人才，也沒有多少可以施展的空間。

那現在你還敢抱怨你的員工嗎？回頭想想自己到底哪裡有問題？

一個「可用」的員工培養不易，一個「優秀、忠實」的員工更是可遇不可求，但很多公司對顧客非常之寵愛，視顧客為財神爺，但卻忽略了自家最大的顧客群：員工。其實員工才是老闆最主要、也是最忠實的顧客，尤其在人數愈多、規模愈大的公司，這種效應就愈明顯。

大家都知道產生一位新顧客的成本非常高，但顧客的忠誠度卻是隨著高度競爭的社會而降低，而員工身處戰場的最前線，對公司若沒有一定程度的信賴與喜愛，流動率一定很高，但員工若對公司產生了高度認同，就不是其他競爭者能輕易挖角的。所以，親愛的老闆，請檢視你的員工有沒有愛用你的全部商品？如果你有幾百種產品，而你的員工還買別人的，那趕緊檢討看看是哪裡出了問題？如果你發現員工正以行動默默支持公司，那還不在心裡給他們一個大大的擁抱？

愛你的員工，他們就會愛你的公司、你的產品、你的顧客，然後帶來了你最愛的業績與銷售成長。

# 8-2 打造你的完美團隊

有很多老闆花了很多的時間和心力來激勵員工，設計了很多課程來提升員工，希望讓員工能發揮潛能、協助完成生涯規劃，並對公司能有更具體的貢獻。這些所費不貲的各式課程，你知道成效會是如何嗎？事實上，如果你自己有了偏差，所做的這一切都將是白費心機。

## 先找對人，再決定要做什麼

我們一般以為，優秀且卓越的領導人應是提出願景、擬定策略、登高一呼，吸引適合的人來共同完成理想，但是經過科學實證的資料搜集與統計分析結果，管理大師柯林斯發現，最優秀的領導人是：「找到合適的人上車、把不合適的人請下車，並且把對的人放在對的位置上，再釐清應該把車子開往哪裡。」

柯林斯的分析指出：若是先決定車往哪開，再找對的人，這樣的做法往往會讓車速相對緩慢，有時甚至到達不了目的地。然而，這與一般小老闆的認知不同，因為初創業的老闆，通常會先把藍圖畫好了，然後再考慮「找誰來」。在報章雜誌上，我們也常看到某些企業領導人登高一呼，提出「未來N年願景」之類振奮人心的口號，這背後其實潛藏著極大的危機。

也就是說，很多老闆是在有限的思考範圍之內，已經決定好要做什麼，然後再登廣告將實現該計畫的所需員工請進來，之後照著自己的計畫要求員工執行。然而，你的夢並非他們的夢，你的需求並非他們的專長，你所描述的和他們所能理解的也許不同。你的理想是打造一個企業王國，但找來的員工只是想找一份養家活口的工作；或者你只需要想養家活口的人手來幫忙，卻來了個具有凌雲之志的好員工，這之間有很大的落差。

## 「適合的人才」才是公司最重要的資產

有些企業標榜：「員工是公司最重要的資產」，這句話只對了一半。管理大師柯林斯指出：「適合的人才，才是你最重要的資產」。這對許多辛苦把員工扛在背上的老闆們，不啻是一記當頭棒喝。

如果你在一開始就找對了合適的人才，他們自然會自我激勵、自我要求，因為這些人才的趨動力不在於能從中得到什麼好處，而是他們不可能降低自己的標準，這種態度並不是酬勞高低所能左右的，但這種員工要到哪裡找？

管理學上有個「普克定律」：「當一家公司的成長速度一直高於延攬人才的速度，就不可能成為一家卓越的公司。」如果你的公司已略具規模，記得隨時隨地只要看到傑出人才，儘管現時還沒有適合的職位，也要設法把他納入自己的團隊。

「員工」不是公司最重要的資產，「適合的人才」才是公司最重要的資產。正確的人才是企業的靈魂，也是企業能否生存發展的根基。讓不適任的員工留任或是讓優秀的員工跳槽，對公司來說都是損失，特別是苦心栽培出來的菁英員工出走，對於「以人為本」的美容服務業來說，是一種致命的打擊。

穩定事業團隊、使員工明白自己的工作職責、提升員工的素質和技

術，並增加向心力，是企業經營不可缺少的規劃；有些公司把人才用來當「滅火大隊」，等到公司的火滅了，人才的能量也耗盡了。所以建立一套適合公司發展的人事管理制度是非常重要的。

雇人來圓夢固然可行，但僅限於事業初期。接著，你就必須建立良好的經營團隊來運作，因為擁有人才畢竟是要付出成本的，如果你自己不是很有「才」華，就是要很有「財」氣，方具有吸引人才共事的條件。

很多人也誤解「經營團隊」的真意，真正的經營團隊不會盲目服從指揮，為了找出最好的經營辦法，若是和領導者的觀點不同也勇於發言，甚至於不惜激烈爭辯；能把個人的野心轉化為對公司的企圖心，放棄個人本位主義，不為小我的利益而妨礙大我的實現。經營團隊最迷人的事是：一群高手在一起，為了同一個目標而工作的感覺。

大家都知道個人的力量很有限，但團隊的力量則是無窮盡，所以都希望能脫離單打獨鬥的經營模式，藉由「團隊」來取得成功。但什麼是「團隊」？如何組成「團隊」？怎麼樣才稱得上是「團隊」呢？

團隊是二人以上的組織，有著共同的目標，共同努力、相互協助組成的一個群體。每一位員工都是團隊密不可分的一分子，那麼，怎樣才能使每個員工都充分發揮自己的能力，這是每一位經營者都要面對的問題。

柯林斯提出，如果願景的產生是頂尖經營團隊腦力激盪的結果，那麼這個團隊乃至於企業就有機會從優秀邁向卓越，但若只是由領導人提出，而要求員工盡力達成，那就是危機了。

既知真正人才方為公司之資產，那有何具體的聘用標準呢？

1.**只要有所疑慮，寧可繼續尋找**：你為尋找好人才所投資的任何一分鐘，都為你事業發展的將來省下了幾個月，甚至於幾年的時間。不適合的人所犯的錯誤，有時讓你花好幾年都收拾不完。

2.**若有需要改革，絕不拖延**：若你覺得需要密切督導或激勵某些員工時，那就表示你用錯人了。留任不適任員工對適任員工是不公平的，是打擊士氣的主因，所造成的各種後果，就像事業體的癌細胞，沒有治療就會到處擴散。

3.**市場拓展的成功不在於「怎麼做」，而是「誰來做」**：柯林斯強調：「當員工有紀律的時候，就不需要層層管轄；當思考有紀律的時候，就不需要官僚制度的約束；當行動有紀律的時候，就不再需要過多的掌控。」專業知識和技能都是可教授、可學習、可複製的，但個性、價值觀卻很難改變，這也就是人才難得的主要原因。

# 8-3 以制度防止人才流失

美容服務業是一個非常仰賴人力進行直接服務的一個行業，所以人事管理非常重要。想要留住顧客，無非就是要做到每一次的服務都令顧客非常滿意，才能留住他們的「心」，但是當美容師的流動率過高時，服務品質就會不穩定，業界因為美容師離職而造成顧客流失與經營上的困境已是常態。

相同的，想要留住員工的「人」，就要留住他們的「心」。留人首要是合理的待遇，這樣員工的生活被滿足了，心思穩定，才會提供顧客滿意的服務；接著，必須給他們成長的機會、成就感及正向可供發展的環境。想要留住美容師和其他員工，應該以待客之道善待員工。如果我們能正確對待員工，他們就能正確對待顧客；如果顧客得到正確對待，他們就會再回頭消費。

很多企業給第一線服務的美容師微薄的薪水，教育訓練也明顯不足，但卻寄望她們能有傑出的服務表現，這是行不通的。

## 員工流動率高就是增加經營成本

你知道嗎，美容業員工流失老闆要付出多少代價？

1.投資在訓練的時間成本。

2.員工在學習期間的薪資。

3.因職缺所喪失的商機，和造成顧客不滿的成本。

4.找新人所付出的成本，如廣告費。

5.約談新人所花的時間成本。

6.訓練新人的成本。

7.新人能上手前的薪資成本。

8.主管花在新人訓練的成本。

9.新人犯錯損失的成本。

10.新舊混雜磨合期的各項成本。

11.離職者帶走客源及商業機密等成本。

美容服務業的服務人員，也就是第一線的美容師，通常讓老闆又愛又怕，因為明星級的優秀美容師是搖錢樹、印鈔機，但是不好培養，苦心栽培後又怕她們跳槽，將顧客及生意全部帶走；而普通的美容師帶來「普通的營業額」，真像是雞肋，食之無味、棄之可惜。但無論是優秀的或是普通的員工，沙龍的人事始終不固定也不是辦法，一旦人事變動，店裡的氣「過動」，連帶也會影響財運喔！

流動率高不全然是員工的問題，美容業老闆很多都是第一次當老闆，例如從基層美容師做起，由於生意不錯，需要找人手來分攤工作的「不專業老闆」，所以本身應該是「操作者」而非「管理者」。美容手技好，並不代表會當老闆，如果離開現場怕美容師做不好，如果不離開現場請人又有何用？所以導致店的規模始終不上不下。

解決之道還是請老闆要釐清流動率高的主因，不能將流動率視為理所當然而疏於理會，如果問題在於老闆，為了公司營運你一定要調整；如果是外在環境因素，例如上班環境和私人住家混在一起，就屬於不理想環境，必須盡可能改善；那如果問題出在美容師呢？那就趕緊換掉，一個不對的人，怎麼可能做出對的事！

## 美容沙龍人才流失的原因

人才外流如同資金流失，甚至比資金流失還要嚴重。是哪些因素造成美容師掉頭離去？有哪些方法可以留住美容師的心？以下為您分析問題所在。

1.**待遇太低**：美容師屬專業人才，但相對的工作有時並未獲得相應的回報。美容師的待遇少有調薪、年終獎金等制度，且多半無勞保，中小型沙龍提供的福利不佳，讓美容師感覺生活及工作沒有保障。

2.**工時過長**：根據市場的不完全統計，美容師平均一天工作8～10小時，旺季時工時更長，月休2～4天，在旺季時（例如母親節、週年慶）甚至毫無休假空檔。

3.**舞台太小**：一般沙龍只注重門面及環境的外在裝修，並未著力於激勵士氣、升遷制度等內部架構，美容師幾乎無升遷機會，想突破，只有跳槽或是另起爐灶，畢竟小廟是容不了大佛的。

4.**見賢思齊**：見到沙龍內的顧客絡繹不絕，老闆日進斗金，誤以為創業很容易，在稍具經驗之後就自行創業。

5.**同事不和**：美容師在同一個工作環境下，合作的關係雖然很親密，但免不了為了一己之利而起爭執。同事不和睦、互相排擠也是造成人員流失的重要原因。

6.**同業挖角**：有野心的老闆都會想要角逐業界老大，在這一場金錢遊戲裡，美容師往往淪為被操縱者，同業之間有時為了擴大營運，會運用各種手段互相挖大將，美容師就在這一場人才爭霸戰中成了最佳人質。

**7.不簽合約**：少了一紙合約，有些心思較不定的美容師就容易見異思遷。若有合約在身，能降低任意離職造成的勞資困擾。但合約往往也是糾紛的來源，想好好經營的老闆，應該多請教法律相關問題，以免日後落得親密戰友卻要對簿公堂的不堪。

**8.缺乏挑戰**：一般美容師年齡多半在20～30歲之間，是體力、心思、衝勁最旺盛的人生精華時期，但美容沙龍的工作內容一成不變，每天面對不同的人，卻要說相似的話、做相似的事，當他們在熟悉工作技巧之後，有些企圖心較強的美容師會希望接受新的挑戰，但有些較喜安逸的美容師就容易怠惰，變得愈來愈油條。

**9.職業倦怠**：現今社會變化迅速，許多年輕的美容師實在是耐不住單調的工作模式，若再加上沒有在職訓練的技術充電，很容易彈性疲乏，這種倦怠感並非金錢能補救。

**10.自我突破**：一個人所學畢竟有限，環境造成的刺激也會漸漸鈍化，當他發現繼續留下來學不到新技術時，便會考慮另謀發展，以求突破。

## 設下人才流失的停損點

綜觀當前美容業人才流失之主因，業者當進行規劃、整頓，能為企業留住人才，就是守住錢財，穩定的人事，才能有穩定的發展。人才不可能絕對不流失，但是如何將流失的數量和速度降到最低，使人才的總量入大於出，這對每個管理者而言都是非常嚴峻的考驗。

面對管理的手段，大多數管理者首先想到的是「亂世用重典」，利用嚴格而縝密的規章制度，宛若軍事化的管理，例如遲到早退扣薪水或罰款，與顧客私下交易則只有炒魷魚一途，業績依照額度獎懲等，這樣做確實能達到一定的管理作用，但並不能阻止人才的流失。另外，也有許多老闆為了避免因人才流失而造成損失，乾脆將大部份的工作扛在自己肩上，這樣做初期可能沒有什麼問題，但是當店務規模稍微拓展開來時，便難以招架。

真正的管理，不是「管住」這些人，而是將各種有才華及能力的人集結在一起，就是我們常說的團隊作業，以共同的價值觀、暢通無阻的溝通為基礎，適時激發他們發揮潛能、凝聚向心力。若沙龍內所有工作人員都擁有相同的價值觀，大家就會自我鞭策，拼命爭取最好的工作結果。這種氛圍是自然形成的，不是刻意造作的。

其實大多數的員工都願意在工作上好好努力，但是經營者要能提供適切的舞台供他們表現。優質的企業文化一旦塑造成功，每一個成員都會克盡職責，甚至超越管理者的要求。規章制度只能有規範和約束的作用，並無法使員工快樂工作或是提高工作價值。建立以人為本的企業文化，才是經營管理者帶兵作戰最重要的領導學。綜上所述，建議的具體作為如下：

1.**真誠關懷**：現今個人主義當道，職場上為求自保，「井水不犯河水」的疏離感是常態，有許多美容師為了工作而離鄉背景，若管理者能給予工作以外，關於生活上的指導和關切，注重其情緒變化，適時開導，將會建立員工以店為家的共識，增加內部和諧氣氛與向心力。

2.**加強福利**：薪資收入是工作的回饋，合理的待遇能增加工作的熱忱，而節慶的贈禮，有時也頗能溫暖員工的心。若能申請勞健保、按年資核發年終獎金、員工旅遊等獎勵，無疑更能穩定美容師留任的意願。

**3.獎懲制度：**對於美容師的工作予以考核，以公平而明確的制度並依能力表現給予精神或物質上的鼓勵，這是最直接能激勵工作士氣的方法。員工會因此而有被肯定和被重視的感覺，對工作自然不敢掉以輕心，其他員工也會因此而受到影響而自我驅策。

**4.在職訓練：**定期或不定期參與各式美容發表會，能讓美容師汲取新知，交換工作經驗，對於增進專業素養有相當大的幫助，在技術運用上可形成良性循環。另外，接受與美容無關的各種課程，可以拓展員工的視野，充實員工的內涵，各種學習有助於他們保持新鮮人的工作狀態，防止職業倦怠及避免彈性疲乏。

**5.員工持股：**不論年資深淺，只要是員工，都有某種程度認為是在「替老闆賺錢」的不平，無論能否獨當一面，總覺得成就、榮耀與財富都是屬於老闆，即使待遇優厚，但在心態上仍覺得只是「賺工錢」，沒有明確的未來。老闆若能將一部分股權轉讓給員工持有，必然會喚起美容師的活力與鬥志。唯細節應小心擬定，以免未來孳生「剪不斷、理還亂」的困擾。

**6.合理工時：**美容業和一般上班族相較，工作時數有過之而無不及，而且直逼常聽聞過勞死的科技人。一般的節日、休假日，往往是美容業最繁忙的時刻，員工休假大多只能以輪休的方式進行，這對美容師的社交活動與家庭生活造成不便。適度地調配人力，讓美容師能獲得合理的身心調適，在面對顧客時方能神采奕奕，做出最好的服務。

**7.儲備幹部：**美容沙龍應該要準備幾名實習生（通常稱之為美容助理），讓他們在工作中學習，採取漸進的方式熟悉所有工作環節的運作。通常助理的待遇不高，對於沙龍的營運成本壓力較輕，一旦面臨人手不足的情況，這些平日訓練有素的美容助理，即能有機會成長為美容師。

**8.生活藝術**：在工作中伴隨一些「五感」的刺激，比如音樂、香氛、更換擺設、種植花草等，都能讓美容師在工作之餘得到身心的舒暢；有些老闆則會邀約員工一同逛街、購物、喝茶、看電影，甚至為員工慶生、舉辦聚餐、旅遊等活動，以豐富員工的心靈世界，減少員工對工作的乏味感。

**9.簽署合約**：合約在雙方的合作中扮演著「承諾」的角色，對勞雇雙方都是一種保障。唯合約內容應在公平合法的前提下達成協議。

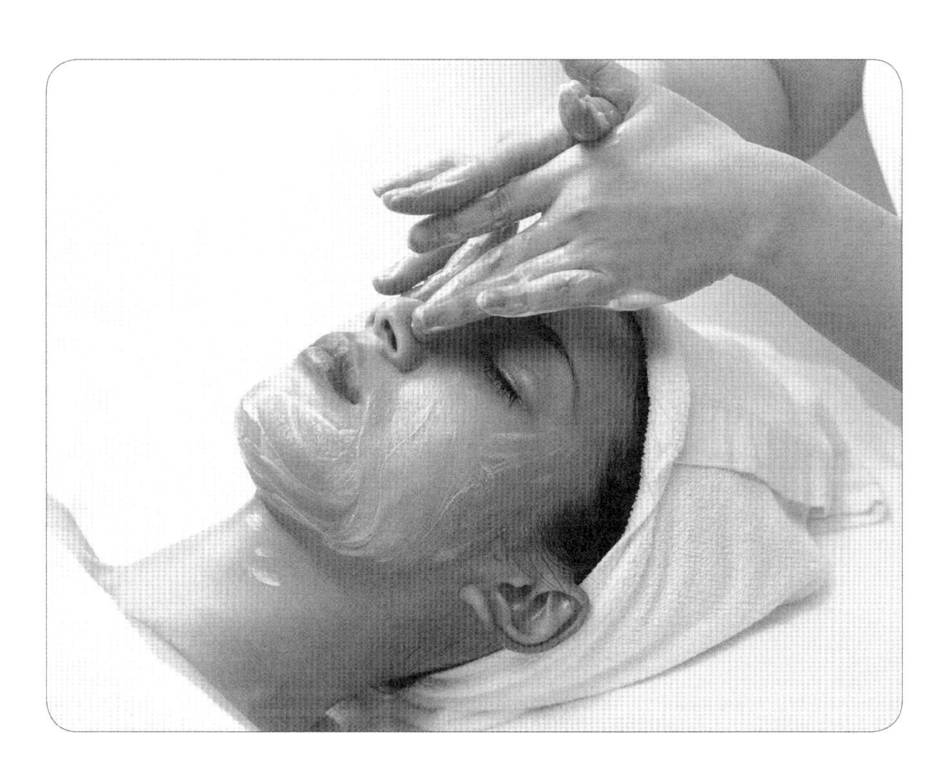

# 8-4 人事管理細則

## 薪資

薪資高低在勞資雙方而言，都是很現實的問題，你不能要求馬兒好又要馬兒不吃草，但同時如果你不是好馬，又如何能要求草的數量與品質呢？所以，給予適當的薪資能穩定員工的生理需求、安全感的需求，一旦這些生存要件被安頓好了，員工才能專心致力於工作。

市場的薪資行情，決定在於供需關係的平衡，也從中決定了一個人的「價格」。例如擁有證照、相關高學歷的「學術派」通常行情較好，尤其是醫美市場的熱絡，需要高度的專業及知識水平，於是讓這些專業有了很好的去處；另外，雖然沒有高學歷，但是擁有豐富實際操作經驗的「實力派」，市場行情有時並不輸給「學術派」，甚至於成為被挖角的對象。因為美容業的服務具直接、立即的特性，顧客才不管你是哪個名校出身、擁有什麼證照，只要是做在他們的身上、臉上不舒服，或是達不到他們預期的效果，馬上會被判出局。

以員工的角度來看，個別的素質與水平也是決定就業層級高低的要素。因為每個美容企業的文化及價值觀都不同，有的視美容師的經驗為首要，有的重視執照及相關學歷，有些企業傾向於選擇具有創造力、潛能及工作熱忱的新手，從頭培訓起。因此，同一種條件的人，在不同的企業，待遇落差可能會很大，優秀且身懷絕技的美容師，應該為自己選擇一個合適的發展舞台。

## 人事管理

要點如下：

**1.待遇標準**：一般人員的待遇標準不能低於當地市場平均水準，有較強工作能力和重要工作崗位員工的待遇可高於當地市場平均水平。

**2.待遇結構**：一般常用的待遇計算公式為「底薪＋獎金（工作獎金＋績效獎金）＋全勤獎金＋特別獎金」。底薪一般參照勞工最低薪資（目前台灣是17880元），每月固定發放；而獎金是給工作優秀、績效良好的員工的一種獎勵，業者可視經營結構來規劃合理的方案。

**3.員工福利**：經營者應設法給予員工安頓身心的安全感，使員工保持良好的工作態度，否則就會影響其服務及技術品質，甚至有可能與顧客發生糾紛。經營者有必要從現場去判斷員工身心狀況，制定恰當的作息時間，並給予合適的福利。然而實施福利辦法中最重要的一點就是員工喜歡、有參加的意願，並不只是依照經營者的意見，應讓員工參與或有表達意見的空間，福利所產生的效果將會更好。

**4.精神鼓勵**：對員工來說，工作場所給他的不僅僅是一份薪資收入，還有很大程度上的心理滿足感。所以，在物質獎勵的同時，也莫忘給員工一點精神上的鼓勵。例如：經常且合宜的讚美、生日祝福、聚餐、善待員工的親朋好友、傾聽員工提出的建議、親屬年會（比如春酒、尾牙）等，有時一餐便飯，一封感謝信，一份小禮物，禮輕情義重，員工就會有感受。

但無論你提供多好的優惠條件，總不能阻止優秀人才的流失，這時最好的辦法就是門戶敞開，讓人來去自由，對於離職員工，應抱持著祝福的心態，好聚好散、切忌背地批評。但最重要的一點就是，上述所做的一切，都是出自你的真心，如果你把它當成一種手段或是策略，那它只會產生虛假，並培養出一批和你一樣虛假、陽奉陰違的員工，營造出一種虛假的企業文化。

綜合上述，經營者應了解到美容沙龍的經營不僅是「事」的管理，更是「人」的管理，優秀員工是經營者的最大資產，想要善用則應抓住員工的心，讓員工擁有美好的憧憬，願意與公司共存共榮，這才是最有效的人事管理方法。

# 策略篇

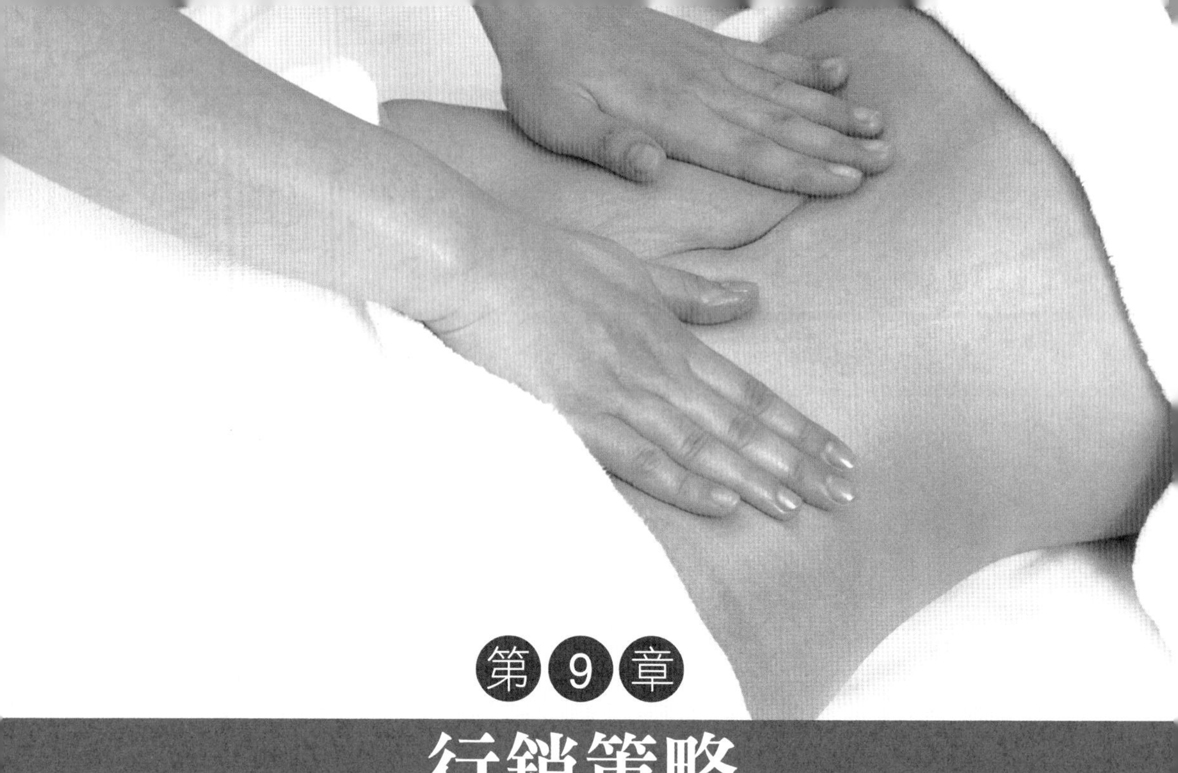

第9章

# 行銷策略

## 9-1 策略的涵義

策略就是你用來大搶新台幣的「辦法」，但請注意，這個辦法不能僅帶來表面的業績成長而已，它還必須同時擁有下列要件：

**1.必須結合自己內部優勢與外部資源**

你千萬別像大多數老闆一樣，把一些產品配成套組銷售、療程搭起來特賣，以為這些就是策略了。其實這僅是「一個促銷活動」，不是「策略」。你當然可以把產品配成套組銷售、療程搭起來特賣，但前提是這個活動必須是結合自己內部的優勢與外部資源而得的方法。

例如，早期推動「護膚體驗價」的某連鎖沙龍，其實199元只是吸引消費者進門的「誘餌」，接下來才是店長的功課——「賣療程＋保養品」的配套活動，該連鎖事業有自己的工廠，所以單位成本比你小小一間沙龍要低很多，雖然他的「總成本」較高，但充份運用了大數法則來牽動整個事業的營運，效益當然不是一間小店可以比擬。

這個199元超低體驗價，在剛起步時，的確有效吸引了消費者的青睞，造成業界的一陣騷動，後續是引來業界一陣跟風，讓體驗價成為美容業的常態。這個案例簡單而言就是「截長補短」的最佳狀態，如果每個人來都只有消費199元，不包期也不買產品，你看該事業可以維持多久？但問題是有人會包期、會買產品、會消費其他療程，所以平均起來，還是有不小的獲利空間。若以單店的規模也依樣畫葫蘆，在沒有策略的情況下做「體驗價」，就像是美容界的小媳婦，人家吃肉（享受策略性活動帶來的規模經濟），你卻連湯都喝不到，結果可能是面臨關門大吉的命運。

**2.透過正確的程序與方法進行**

市場上有很多1元餐飲的行銷活動，大家都知道：只有1元，根本連裝食品的容器成本都不夠，那店家為什麼要辦這個活動呢？俗話說：殺頭的生意有人做，賠本生意可是沒人願意做！試算看看，這些「1元行銷」資訊通常從哪裡來？電視新聞，如果把這個活動的成本換算成以秒計費的電視廣告，結果真是大大划算。所以，這類活動我們通常會假設它是要「賺取電視廣告費」。

再者，如果你對自己的產品有信心，用1元的低價吸引大量饕客前來嚐鮮，總有人會變成日後真正付費購買的顧客吧？也許這些受惠於1元低價的顧客會幫你做口碑，推薦給朋友，而這些都不是從表面成本算得出來的效益。

做這類促銷有沒有可能白花錢而收不到效益？可能性當然非常大，所以要進行這種策略千萬要注意你的重點放在哪裡，而且要狠下心來提供足夠的預算，所以才一再提醒老闆們得要透過正確的程序與方法進行，不要看別人做，你就跟著做，表面上看起來好像很有氣魄，但其實是落得賠了夫人又折兵的下場。

**3.能完成目標**

如果你的目標是獲利，而你辦了上述那個「1元」的促銷活動，當然只會立即收入大把的「1元」，而不會有獲利，這類活動是炒作知名度用的，對創造話題、拓展加盟有助益，但對單店現收沒有多大的效果。

你有沒有收過免費的自由時報？我們公司有一段時間就是「忠實的免費閱報戶」，自由時報為什麼要這樣做呢？

據了解，該報通常挑選「公司行號」做為免費贈送的對象，除了閱讀的人數較一般家庭多之外，公司才是買廣告的大戶，而公司買廣告通常選最多人看的報紙，所以該報用免費贈送衝出第一名的閱報率，然後再用廣告費賺回來。但策略不能一成不變，時代背景也是很重要的參考要點，如果現在還用這一招，你看效果會如何？

下次看別人辦活動時，可別只看表面的活動內容，你可以進一步思考其「活動目的」，以訓練自己對市場的敏銳度，各種活動細節要環環相扣，慢慢把情勢導引到你要的結果。

# 9-2 策略定位分析

企業策略分析能幫助企業在賴以生存的市場中，選擇適當的武器，對抗同在產業中的競爭者。波士頓顧問公司於1970年提出BCG矩陣模型，將企業依「市場成長率」與「市場佔有率」劃分，並建議各類型企業應採取不同的策略：

圖：BCG矩陣模型

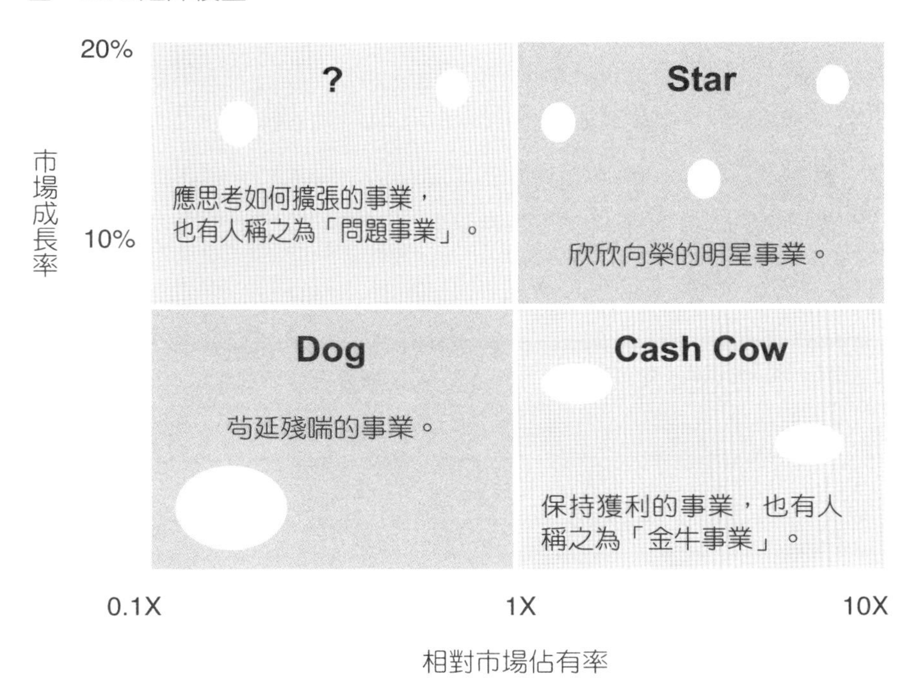


BCG的矩陣模型，縱座標是該產品市場的成長率，橫座標則是相對

於最大競爭者的佔有率，其中的圈圈代表了每個產品在該市場上的銷售量。

成長佔有率可分為四個方格，每一個方格代表不同類型的事業，以下以面膜為例，幫助大家更進一步了解。

## 問題事業

指中高成長率，而低相對市場佔有率的事業。落在這個區域的產品，通常在市場上是對的，但是定位不對，來不及享受高成長帶來的高獲利，白白浪費了先機。

**解說**：面對知名品牌帶來的風潮，很多化妝品公司也想搭上順風車，紛紛推出自家的特色面膜片，雖然產品也跟著熱賣，但由於定位不對，有些是沒有知名度，就算賣得便宜也乏人問津，有些比帶動風潮者只便宜一點點，有些甚至比帶動風潮者還要貴，所以產品雖然是跟著熱賣了，但市佔率還是不理想。

## 明星事業

問題事業若成功了，很快就變成明星事業，成為市場成長快、佔有率又大的公司。

**解說**：此時出現的「品類殺手」，挾著化工廠直營、老字號的優勢，在網路、專賣店及百貨公司攤車等通路，以極低廉的價格搶攻市場，消費者通常都「整箱購買」，讓該公司成功攻佔台灣面膜市場，榮登面膜王的寶座。本來只是眾多保養品之一的面膜，蛻變成最暢銷的商品，成為該化妝品公司的「明星事業」。

## 金牛事業

當年成長率降至10%，而公司仍擁有最大的相對市場佔有率時，該明星事業將變成金牛事業，因為它能為公司產生許多現金。這種產品雖然成長率很低，但特點是現金流量高，可以為公司產生一定的利潤。

**解說：**面膜變成台灣女性的最愛之後，該買的人都買了，不該買的人也買了，市場成長率趨緩，但是以低價一舉攻佔龍頭的化妝品公司，比其他化妝品公司仍享有相對高的市佔率，持續地為公司產生現金收入。

## 苟延殘喘事業

指公司在成長率低且相對市佔率低的市場，在此區塊的公司應仔細考慮去留。

**解說：**當初定位不對的其他化妝品公司，面對成長率已趨緩的面膜市場，若再投入大量的資源來開發或行銷，並不能再激起多大的漣漪，既然成長率降低，對市場又毫無影響力，應考慮訂定最適合自己公司的營銷方案，切莫再盲目投入了。

以上的分析可以幫助你在定位發展目標時站穩腳跟，看清方向，以免徒勞無功，尤其是在這個微利時代，資源更要小心配置，尋找出美容界中你可以介入，又不被他人注意到的細縫之處，用BCG矩陣分析一番，若還有發展的空間，再用以下的SWOT分析幫助你決定發展的策略，才能提高策略的成功率。

# 9-3 SWOT分析

| S優勢（Strength） | W劣勢（Weakness） |
|---|---|
| O機會（Opportunity） | T威脅（Threat） |

策略規劃的過程始於策略的分析，企業經營者可藉由策略分析的過程，完整的了解所處的環境，進而預先增加與培養競爭的優勢（Strength）、彌補或淡化劣勢（Weakness）的傷害，以掌握外在環境的機會（Opportunity），並同時降低了威脅（Threat），而最常用的策略分析工具便是SWOT分析。

SWOT分析可作為企業分析競爭力及策略擬定的重要參考，是一種有效率、能幫助決策者快速釐清狀況的分析工具，企業在瞭解你的資源和進行SWOT分析之後，可據此發展出具體明確及有效可行的目標。

## 內部的優勢與劣勢

存在於企業內部，或是企業與其供應商、銷售商以及顧客的關係當中的內部因素，諸如：組織使命、財務資源、技術資源、研發能力、組織文化、人力資源、產品特色、行銷資源等之優劣分析。任何優勢和劣勢的分析，都必須以顧客為核心思考，只有利於滿足顧客需求的優勢，才是真正的優勢；不利於滿足顧客需求的劣勢，才是真正的劣勢。如果被分析的對象不是公司而是「你本人」，那就必須去思考你的特質（優勢及劣勢）對於你的事業及顧客有什麼影響？你的個性和處事態度（是溫和、英雄氣短、柔軟或激烈）是這個事業的墊腳石或絆腳石？

**內部優勢：**優勢包括任何的競爭優勢、能於市場上運用的獨特能力、企業優於其他同業之處等，相對於競爭對手的優勢，如取得資本較便宜、與賣主及顧客的關係良好、產品獨特、企業所在位置佳等，只存在於該企業，非競爭者所能擁有的獨特能力，可以創造企業的不同定位，並在消費者心目中建立獨特的地位。

**內部劣勢：**所謂劣勢是與競爭者相較時，公司的資源與各方面的能力較為不足之處。劣勢限制了企業選擇策略的彈性，所以必須判別何種劣勢對公司的競爭地位造成最大的影響，以及是否需要立即處理。

## 外部機會與威脅

雖非企業所能控制，但對營運有重大影響、無法加以控制的外部因素，包括競爭、政治經濟法律、社會文化、科技、人口環境等，這些外部因素如能及時掌握，將有助於達成目標，如不能在發生時善加處理，將會阻礙目標的達成，有時甚至因為一個意外事件而導致損失慘重。大家不陌生的中國奶粉添加三聚氰胺事件，還有2011年5月台灣發生的食品添加塑化劑事件，殃及的範圍非常廣，然而也有些企業處理得當，立即止血，應證了「危機就是轉機」的智慧。

**外部機會**：機會是指可減少障礙或提供報酬的有利情況，企業若善用機會，可能會有很高的成功率。機會可能是市場尚未被滿足（假設企業擁有可以滿足產品需求的產能）、主要原料有低成本的來源、新科技、新政策打開了某產品市場或限制對手進入市場等。

**外部威脅**：威脅是指可能阻礙企業達成目標的障礙或情況，將導致企業失去競爭優勢。威脅包括對手的直接行動（如引入新產品或改良產品）、不利企業的政府立法、失去取得低廉資金或資源的管道，或是經濟狀況走下坡。

# 9-4 刺蝟原則

在《從A到A＋》這本書中，作者以一個古希臘寓言「刺蝟與狐狸」為例，狡猾的狐狸經常伺機偷襲刺蝟，雖然詭計多端、行動敏捷，但總落得失敗下場，清楚的闡釋出「把複雜的世界單純化所產生的力量」，並指出：「如果要獲得高瞻遠矚的洞見，根本之道在於單純」。親愛的老闆，你具備把雜亂無章的世界單純化的能力嗎？還是常把一件單純的事情搞得很複雜？刺蝟原則能幫助你把理想的事業發展藍圖，拉到現實世界來思考。

所謂「刺蝟原則」，說明如下：

**1.對什麼樣的事業充滿熱情**：如果你對這項產品或服務沒有熱情，那就不要碰。

**2.在哪方面能達到世界頂尖的水準**：該書分析的是大公司，如果是小事業，只要要求自己「在哪方面能達到業界頂尖水準」就可以了。如果有些店家的專業，甚至於未達到業界的「平均水準」，收入及成就必定也在水準之下。

**3.經濟引擎以什麼來驅動**：主要是要了解自己的收入，是否來自於自己認知的「強項」，藉此了解資源是否放對了位置。像有些美容沙龍店面會兼著賣一些服飾或是彩妝，如果主要的營業收入是來自於兼著賣的產品，而不是你的主業，那就要好好檢討營運方針，找出最有利的營業模式。

企業一定要釐清自己的刺蝟原則，堅守這三個圓圈的範圍，並以這三個圓圈作基礎，適當的使用資源。無論是要朝向多元發展，或是堅守單一利基，特色、專注與努力都是成功必備的要點。

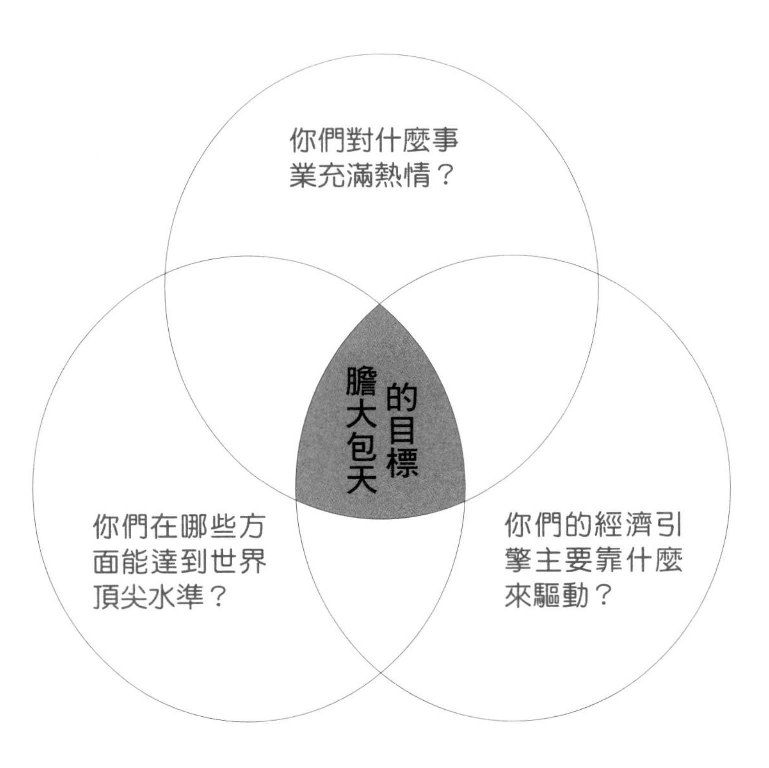


圖：刺蝟原則（引自《從A到A＋》P.164）

#  藍海策略的四項行動架構

《藍海策略》一書中，提到了許多實際可行的分析和策略規劃技巧，而其中四項行動架構簡單易懂、易於分析，可供身處紅海廝殺的美容沙龍老闆們深入研究：

**藍海策略四項行動架構表**

| 消除 | 提升 |
| --- | --- |
| 降低 | 創造 |

我有次在課堂上提到這四項架構時，突然問大家：「你們覺得這四項中哪一項應該擺在第一順位？」大家怎麼「猜」就是漏掉了應該做的第一項。你「猜」到了嗎？就是「消除」。

為什麼消除會這麼困難？為什麼大家認為一個事業的成功應該先創造和提升？其實我們都知道瘦身減重的道理非常簡單，不過就是讓「出大於進」而已，因此有恆心的消除肥胖源（儘量不吃油、糖、炸等）是首要之務，偏偏大家都知道卻做不到，總要問：「吃什麼才會瘦？」然後服用一些危險的藥物或是使用很偏激的飲食控制，搞得身體壞掉，得不償失。

## 消除：應該消除哪些產業內習以為常的因素？

有些老闆將顧客至上誤解為：「必須滿足所有顧客提出的所有需

求」，或是回應配銷通路的每一項要求，如果你也這樣想，並且視為「信條」，保證常常會疲憊不堪。適當的說「NO」，將讓你更有能量去應付說「YES」的顧客。

老闆們請思考：哪些「雞肋」是存在已久、被顧客視為理所當然，但實際價值日漸流失且造成你不必要成本支出與耗損，但卻因為你害怕改變而一直存在，你心想，如果沒有提供與競爭對手相同的服務內容，將導致顧客變心，因此讓這些過高的成本因素被忽視，而吃掉了那些得來不易、已被壓縮到少得可憐的獲利空間。背著這些沈重的包袱，將讓你動都動不了，更何況是振翅高飛。

## 降低：哪些成本可降低於產業標準？

老闆們請注意：你對顧客「過於周到」而增加的成本，不一定能使你得到等值的回饋，因為顧客並不會因為你的成本高過別人，而付多一點錢給你。你沒有好好的規劃，將會導致生產資源的虛耗，像是撒大錢做沒有目標的行銷活動，比如廣告，是最大的浪費項目之一。

「消除」和「降低」要放在一起思考，可以消除的就消除，不能消除的就降低一些，要捨才能得。以美容服務業來說，如果你只是小型沙龍，那就不需斥資蓋烤箱、蒸氣、按摩浴缸等配備。

或許你要說：「給顧客附加價值，提高享受啊！」沒錯，這些周邊設備確實只能是「附加價值」，是不能跟顧客收費的，但它卻要耗費你的成本，而且延長顧客在店內流連的時間（你將因此增加人力等各項支出），且對看慣「大場面」的顧客來說，對這些「小設備」是習以為常，根本不屑一顧，而且當你要搬遷時，它將成為你最大的損失和頭痛點。除非你經營的是大型的三溫暖或SPA會館，人力充沛、消費型態異於小型美容沙龍，否則，建議你不如把這筆預算化為各式儀器或產品，真正地、務實地回饋到顧客身上。

## 提升：哪些可以提升至高於產業標準？

在初級生產因素中，原料、天然資源、基礎技術等，太容易被競爭對手複製、模仿，你只要打開拍賣網站，就可以看到一堆連圖片都一樣的商品，隨著賣家的不同，有著不同的價位，你想，除了價格，消費者還要怎麼挑？若想擁有競爭優勢，在服務水準、專業知識、儀器產品等均須提升至高於業界水準，但要特別注意你「提升」的部份，是否仍跳入了前述反而要「消除、降低」的陷阱。

## 創造：可以創造出哪些產業尚未提供的？

經營事業要成功，就必須試著把產品變成整體顧客價值，其中的過程、做法以及各種特色與好處，必須讓你的競爭對手花費很長時間、或很高成本才能摸清楚，這樣你的事業才能立於不敗之地「久一點」，一旦你的底細被摸清楚了，藍海還是很快會變成紅海。

例如某些傳統產業（如食品業、製香、化妝品、鉛筆等）轉型為「觀光工廠」，把原本消費者看不到的生產線全部搬到檯面上，提供各式各樣的DIY體驗課程，不但滿足了消費者的好奇心和參與感，也為傳統的事業找到新生命。但這種經營模式在愈來愈多產業投入之後，同質性愈來愈高，消費者不再有新鮮感時，業者還是要再次苦思突破之道。

# 9-6 價格戰可行嗎？

再說美容業的價格戰，它雖然可行，但必須搭配完整的策略，否則它將使事業的壽命加速耗竭。很多經營者常常「誤把資訊當策略」，故只要有一家業者推出了新的服務或特惠方案，馬上會群起效尤。競爭白熱化的結果，導致收費一路下滑，甚至連「免費」都出現了。

美容業屬於勞力密集產業，而非有形商品，打價格戰的結果是：業者的收費節節下挫。部份問題出在業者的互相模仿、缺乏創新，「創新」能造成競爭優勢，能帶來一片藍海的美景，是沙龍老闆們積極努力的目標，創新的優點是可以提高同業的模仿障礙，也可調整事業的整體價值。

美容沙龍業者想要提高模仿障礙，讓你的對手看得到（事業的外在）學不到（其中的精髓），可加強員工的在職訓練、提升服務的實力、不打單種種類服務的價格戰，而以多項服務項目精緻配套的方式，將各種具有特色的服務項目加以包裝，顧客比較不易直接計算單價，誤將焦點置於價格的討價還價上；美容沙龍業者亦可透過異業結盟的方式，取得目標客群。在環環相扣的策略中，競爭對手縱使想模仿，也需要花費較長的時間或是成本，自然就可以取得初期的競爭優勢。

「價值」已不再僅止於包含企業所提供的產品和服務，而是集中在消費者的經驗之中。創造美好的消費感受是體驗經濟的重點，這些經驗不只受到企業影響，也受個別消費者和消費者社群所影響，所以，現在的「價值」是由消費者和企業雙方所共同創造，不是業者說了算的。

# 9-7 主動出擊——行動美容的真諦

近幾年因景氣之故，直接衝擊到美容服務業的營運，捨棄大規模店家、獨立作戰的創業美容師變多了，突然，「行動美容師」這名詞隨處可見。

很多人以為沒有店面、到處跑，幫人到府做美容服務就是行動美容，這樣實在是太小看「行動美容」的商機了。

行動美容師的產生，導因於現代人因為工作繁忙、可用時間有限、加上氣候不定懶得外出等理由，而無法有完整的時間出門接受保養，但消費者對於護膚保養、紓解壓力的需求十分殷切，故美容師就發展出可為消費者到府服務的營運模式。

因為行動美容師的工作時間十分彈性，不受搬遷或其他私事的影響，可配合自己的生活型態、顧客的特殊需求，是崇尚自由的工作型態者，或是已婚女性最好的職業選擇，也是自行創業前，培養客群、建立開店基礎的最佳暖身方式。

那你一定要問：「既然已經這麼多人投入了，現在才開始會不會太慢？」我認為：「永遠都不會太晚！」因為不用心、不懂方法的經營者太多了，你只要比別人好一點，你就會很突出。

行動美容對初投入市場的生手，不啻是最好的切入點，雖然它相對於店面可節省很多開支，但由於感覺上「不固定」，要建立消費者的信賴、養成一批忠心消費群，也需要花費心思和時間。

如果你的拓展方式是零散顧客一個一個跑，只會事倍功半，但若請你的顧客是「大戶」，例如有些自備美容床，只是請美容師到府服務的貴夫人，這樣的好顧客值得跑，事實上若能有這樣的發展是非常理想的。但如果是「小咖」的平價美容還必須到處跑，除非你搭配保養品的銷售，或是調整收費，否則收支很難平衡。

事業要經營成功，首重「知己」，你手中掌握的資源很重要，你必須知道你的資源在哪裡？勝出點在哪裡？客人非你不可嗎？接下來才能規劃路程要怎麼走。企管大師大前研一很明確的指出：「專業，是生存唯一之道」，你越專業，你就能選客人，如果你要看客人臉色過生活，那就完全失去經營的樂趣了。

與其要討好顧客，不如把資源和時間用來提高自己的專業，雖然費時了些，但絕對值得。如果你是花時間在發展「交際應酬」式的事業，當你的權利和影響力不在的時候，顧客馬上會離你而去，因為你當初種的是「交際應酬」的因，當然不可能回收顧客跟你「真心互動」的果。

會這樣提醒，實在是有太多人運用人脈、人情的壓力，造成別人對你「不得不捧場」，也許初期有效，但若沒有實力，發展必定會受到限制。其實「行動美容」的發展模式，是非常好的一種商業思維，可惜很多人未得其精髓，感覺這像是沒有根的事業，無法定下心來發展。PPAPER發行人包益民在《天下沒有懷才不遇這回事》書中提到，把一個小案子挖深為數千萬美元的大案子的能力，重點就是「無論多麼小的工作，都要看出全部的遠景」，你具備這種能力嗎？建議你：成功的開拓一個顧客，只要一個，然後用盡所有能量去經營，那你將得到他的全部。

# 9-8 小型美容沙龍經營建議

美容業在台灣經過了多年的發展後，傳統經營模式已不能適應這快速變化的消費環境。美容業創業不難，至於預算多寡要看你的地點、規模、員工數、儀器、設備而論，而不論規模為何，在大品牌夾擊下，10坪以下小型美容店家要生存，就必須緊跟潮流，或是擁有自己的特色，技術領先或至少要跟得上，持續推出產品附加價值高的配套方案，才能挽住顧客的心。

有些封閉式的傳統美容坊，從外面看進去最多只能看到接待桌或是產品櫥櫃，令人望之卻步，親和力較差，吸引顧客率大為降低，產品銷售量當然較少，若想提高銷售，則必須對顧客大力推銷，造成優質顧客的反感與流失。

而完全開放式的空間，雖然可吸引來客率，坪效大為提高，但無法進行隱密的護膚及身體按摩等療程，較難經營長期包卡顧客。

最好的方法是將店面分割為二：全開放的賣場（前半段店面或一樓全部）和隱密的VIP（後半段店面或是二樓以上），將更能滿足顧客的需求，提高坪效、業績與顧客滿意度。

而如果你的店是「全封閉式店面」，就是雖處一樓店面，但從外面一點也看不進去，這樣的店倒是不必選在寸土寸金的鬧區，我認為優質的住宅區更為此類型店家的首選，可找二樓以上的店面，不但可節省租金及店面裝潢，還可讓顧客享有靜謐的安全感。

至於小型美容沙龍經營方向，分析如下：

**1.多元化**：美容店家規模小，雖然不致虧本，但收益成長總是有限，所以小型美容店家在營業步上正軌、收入趨於穩定後，若較有企圖心者，均會想辦法擴大營運規模及服務品項，以便提高發展空間。

為了增加收入，常見小小的一個美容工作室包羅萬象，護膚、美容、美體之外，還有繡眉、美甲、睫毛嫁接、新娘秘書、手足護理等，真是應有盡有，其實想的求的，不外乎是盡量滿足顧客多層次的需求，但要記得：顧客穩定度夠了之後，必須提高「顧客佔有率」，營收才會有較寬廣的成長空間。

但特別要注意的是，品項多不打緊，但必須找出發展的主力，否則很容易顧此失彼而流為美容雜貨店。

**2.單純化**：找出自己的利基市場，做到淋漓盡致。早期燙睫毛是很風行的一項服務，某店家有「燙睫毛」的服務，此服務項目也是這家店的強項之一，但是自從對面的美容坊打出燙睫毛199的旗幟之後，客人都會要求該店家提供折扣，因此在評估過後，該店取消這項服務。

為什麼呢？燙睫毛的藥水並不像燙頭髮的藥水，是一套一人份、一次使用完畢，而是一組可燙很多位客人，由於它有保存期限，如果藥水是1千元，燙了50個當然划算，但如果只燙了5個，那成本未免太高了？況且對面打出這麼低價的促銷，不跟進不行，若要跟進也不好，算算工時、來客率和報酬率，不如把市場讓給願意低價促銷的店家吧，「燙睫毛」並不能撐起店的營運，還是專注在其他優勢的經營，才能避免與同業惡性競爭，造成兩敗俱傷的結果。

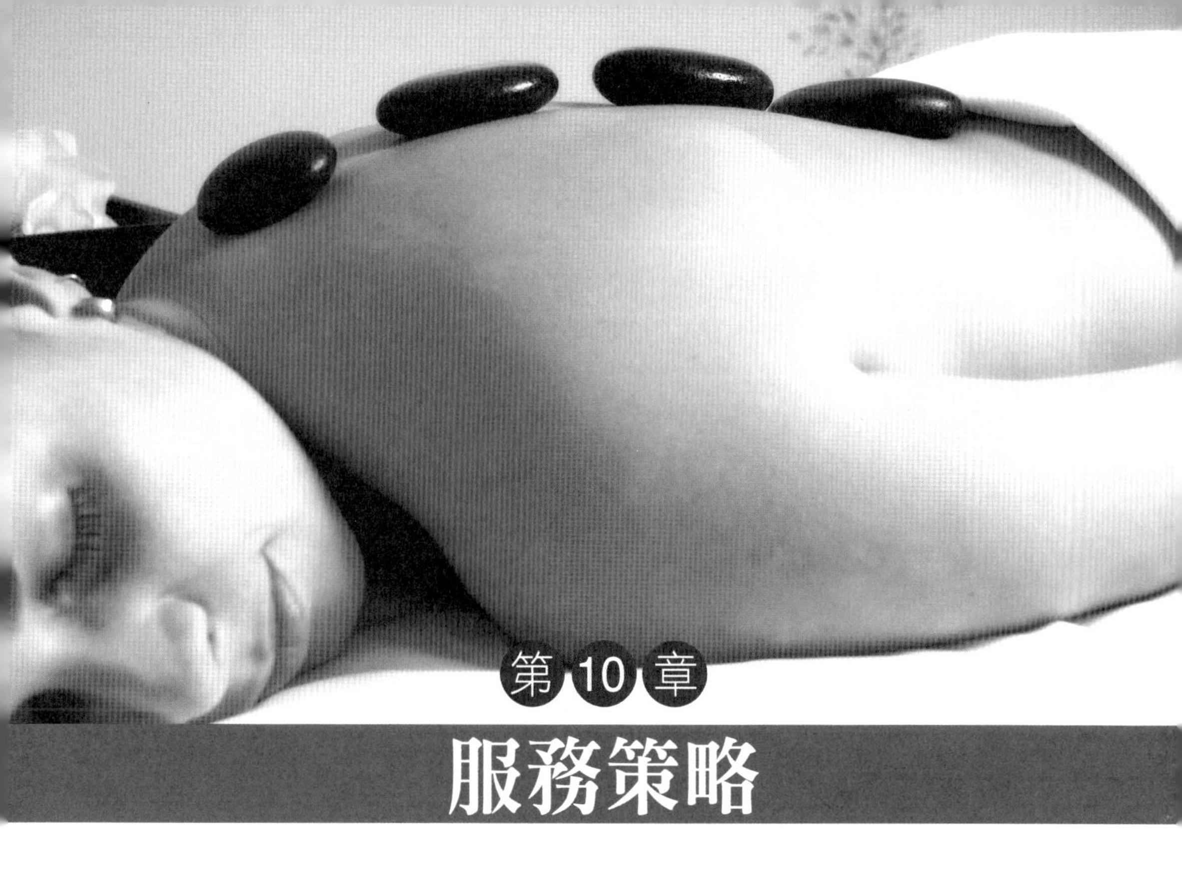

第10章

# 服務策略

## 10-1 想辦法滿足顧客

如果有一種魔法可以點石成金，相信大家一定會不惜一切代價去爭取它，但由於世界上沒有這種魔法，所以人類創造了各種「行銷」手段，將一件商品由醜小鴨變天鵝。

行銷大師菲利浦．科特勒認為：「要了解行銷，一天就夠了，可是要精通行銷，一輩子也不夠。」

沒有永遠都是處於A+狀態的企業，唯有真正了解顧客的需求，想辦法滿足顧客，並從中獲取合理的利潤，才是商場上無往不利的「點石成金」之道。

其實，我們所知道行銷法則實在是太多了，每隔一段時間就有一種「新發明」產生，但它們有效嗎？如果你的目標顧客剛巧是策劃行銷方案的專家，你又如何能勝過他呢？

要知道，最有效的行銷法則是要「以人為本」來思考。雖然在功利為主的社會，這樣說像是在唱高調，但我們缺乏的已不再是物質的提昇，我們需要的是精神層面的提昇，縱使你是生意人，也一樣。

《蘋果滋味》一書提到：行銷從4P增加到8P、10P，最後又把全部P改為C，強調以顧客本位的服務，並再衍生出差異化行銷，但無論是多卓越不凡的商品和發明，不須半年已經滿街都是。產品的差異性仍舊是最重要的賣點，因為這是「人」的生意，要成功必需具備你明知道、卻無法完全複製的特質：人性。

企管大師彼得．杜拉克曾說：「行銷的目的是使推銷成為多此一舉！」我們怎可能將自己都不想買的東西、不接受的商業模式賣給其他人，並從中獲取暴利呢？但偏偏有些商人卻裝瞎裝聾、欺騙自己，試圖將商品透過花花綠綠的行銷手段與包裝「推銷」給不知情的顧客。

「利潤」不是企業的目的，但卻是衡量經營成效的指標，我們不能一昧指責生意好都是「無奸不成商」之故，經商者不能通曉人性、自命清高，水清自然無魚，除了怪罪自己不能融入市場、沒有抓到經商要領之外，還要認真檢討自己是否真的適合擔任經營者。經營者缺乏的往往不是行銷手段，而是「自省的功夫」。

事業發展不如預期，其實外在因素佔的比重並不高，有問題的往往在於經營者本身。而經常不小心、不知情、相信商人、因而上當的顧客們，也要檢討自己，是否真是被廠商設計，還是因為難逃人性、貪小便宜、裝瞎裝聾、欺騙自己真的有「天上掉下來的好康可以A」所導致？有需求就會有供給，要避免被「騙」，還是要睜大眼睛，讀清楚行銷資訊背後的真正目的。

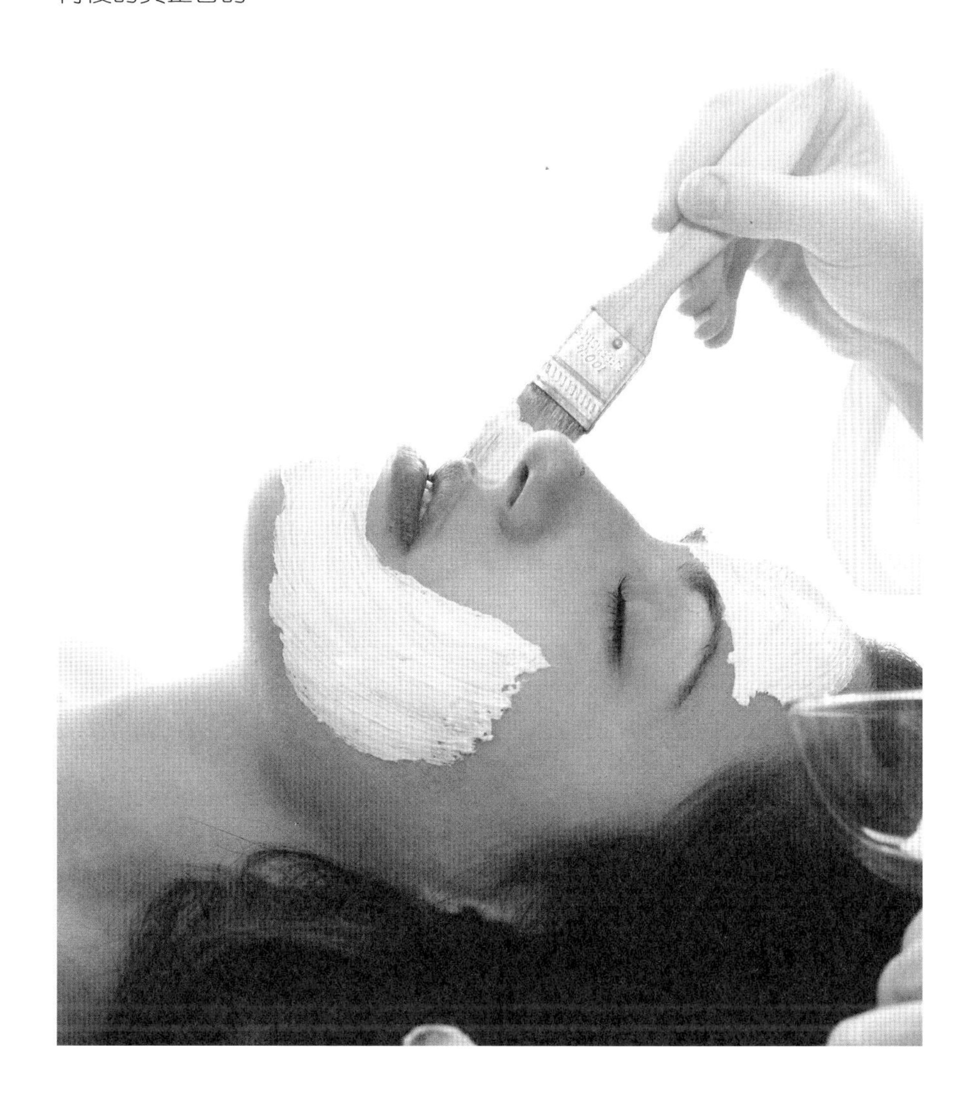

# 10-2 穿上顧客的鞋子

在我們幾乎被各種行銷活動淹沒之際，消費者對此似乎也愈來愈冷漠，因為感覺是「被騙慣了」。所以，業者與其再想出一些力道足以嚇死人的點子，或是設計出讓人拍案叫絕的廣告，不如落實基礎服務。

很多老闆向外聘來了各式的名師，希望能提振士氣或營業額，員工衣著不佳有形象顧問、士氣疲弱有激勵大師、業績不理想有行銷顧問及企管顧問，其實，對員工而言，最佳的激勵大師是「你」自己。

這並不是否定所有的顧問或老師，而是你向外求助之前，必須要先知道自己的問題出在哪，請來的顧問才會發揮最佳「療效」；如果連自己都不清楚問題在哪裡，只看表面問題就請顧問診斷下藥，這是很危險的。光是發燒就有N種原因，你怎麼可以不明究理就開退燒藥呢？

在請來老師、顧問之前，請先給自己診斷一下，看看這些經營事業最重要的思考點，你掌握了多少？

1.誰是我們的顧客？你鎖定了什麼族群？你真的能深入這個族群的核心嗎？

2.顧客要的是什麼？只是你表面看到的那樣嗎？你能用心傾聽嗎？

3.我們如何提供商品（服務）給顧客？有沒有比較創新的方式？

4.我們如何提供顧客滿意服務？提供顧客「超級滿意服務」永遠都是對的嗎？

5.我們如何領先同業？領先的部份是滿足了你個人的成就感，還是真的嘉惠到顧客？

6.我們留住顧客的魅力何在？顧客是為了什麼而對你忠貞？你這種魅力是永恆的，還是僅有新鮮感？

親愛的老闆，在經過深切的自省之後，相信你已經初步抓住了事業的病灶，接下來你可以視需要請來顧問協助，當事業體愈來愈健康之後，才能進行有效的拓展，建議您在開發顧客時，必須做到以下幾點：

1.從顧客觀點思考，滿足顧客核心的期望：也就是「穿上顧客的鞋子」，你才知道他說的舒適和不舒適指的是什麼。

2.顧客要的是真實且具體的行動：有些公司貼滿了標語，對照於顧客感受到的「事實」，等於在諷刺自己。

3.不要讓你的員工只為了推銷而輕易做出口頭承諾：這樣不但增加經營的成本與無謂的浪費（有些客人只是要多一點贈品，對他並無很大的需求和用處，但卻為你帶來沒必要的成本增加），而且容易製造和顧客之間的糾紛（不能排除有些員工「輕諾寡信」帶來的困擾）。

4.發展非價格競爭：價格是銷售考慮的重點沒錯，但並不是全部原因；沒有別的策略了，才用價格戰。

5.傾聽顧客聲音，進行改善及創新：來自顧客的聲音比你花幾百萬去做市調還有用。如果你能聽到來自顧客的真心話，那真是太幸運了，因為它是最貼近事實、最有效果、最具有貢獻力的事業資產。

經營事業無非就是希望藉由提供顧客滿意服務以賺取合理的利潤，當你在尋找顧客時，顧客也正在尋找你。所以，當你一切都準備好的時候，就要像孔雀開屏一樣，把最美的一面呈現出來，相信你要的顧客會在茫茫商海中把你認出來，並視為至寶。

# 10-3 M型消費市場的思考

M型消費市場反映在店面經營上，有「奢華正在流行」及「金字塔底層的商機」兩極化趨勢，因此開店創業的店家，可朝M型兩端的市場作為思考方向，設計適合的營業型態及經營策略，才能跟上時代，取得商機。反觀一般認為「比較安全」的中間地帶，其實是最難經營的。

就美容保養品的市場而言，M型消費市場走勢分別是：一走高質感、高消費路線，如一瓶要價數萬元的面霜，或是含有鑽石的磨砂膏、含有黃金離子的面膜等；一走平民風、低價格、DIY為主要訴求的美妝開架或網路市場，這些經營模式都交出不錯的成績單。

美容護膚近來也朝M型兩極消費型態發展，頂級貴婦沙龍（尤其是附設在五星級飯店、或是百貨公司、shopping mall中的SPA館、醫學美容中心）無論在硬體設備、裝潢、器材上，或是軟體技術、服務態度，都是上上之選的高級享受，顧客的消費金額當然也是「五星級」，例如身體SPA按摩一次起碼要三、五千元，若包含臉部服務等多項消費，一次近萬元還算是基本開銷，可真是令坊間美容師有「同工不同酬」之喟嘆；醫學美容中心的高額收費也不遑多讓，一次醫美療程也都在數萬元之譜。

但是在平價消費方面，許多美容中心的全身按摩，收費不到千元，服務也不打折扣，比起動輒數萬元的頂級消費，當然預約滿檔，這也明白顯示M型社會下，產生的兩極消費心態及可能成功的經營模式。

想要在這美麗的行業中取得美麗的營業額，你還是要多動點腦筋。

成功的策略不能是亂槍打鳥，也不能是盲人摸象，必須非常清楚你的目標顧客何在，知道他們想什麼？要什麼？並據此提供顧客滿意的服務，這樣一來將何懼於市場景氣。

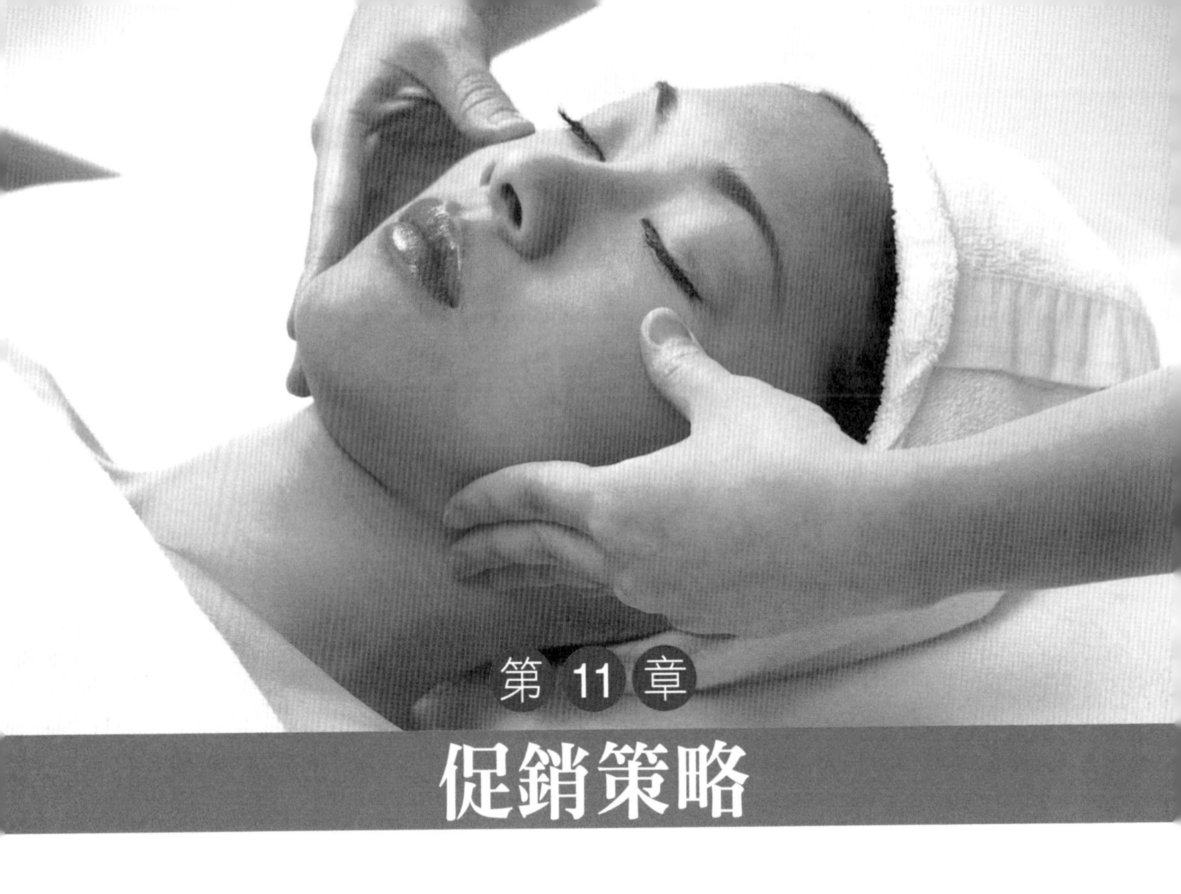

# 第 11 章
# 促銷策略

## 11-1 美容沙龍常用的促銷法

美容業辦促銷活動的時間點，不外乎：週年慶（一年好幾次）、母親節、中秋節、端午節、聖誕節等，辦這麼多活動，說穿了，就是要提高顧客的購買欲望。

其實增加收入的方法有很多，不一定要用高成本、低獲利的促銷方式，花了一堆廣告費，告訴很多非目標顧客：「本店原本1千元的療程現在賣199元，降價了喔！」這樣一來，原來只賣一個就會有1千元的營業額，活動辦了之後要五個才會達到原來的營業目標。這種說法雖不周延，但開店也不是簡單的加減乘除而已。

現下美容店家太多，競爭太激烈，想要靠促銷或活動出奇制勝，機會不是沒有，但沒有好的服務品質和效果，顧客一樣會流失，因此，只有回歸現實面，堅持好的服務品質和效果，才是經營美容沙龍的王道。

店裡可以不定期舉辦活動，但切記不要隨便削價競爭，「體驗價」更是萬萬不可。就算要降低價格也要有理由和退路，否則就將落入萬劫不復的深淵。美容店家要培養長期顧客，絕不能讓顧客在信任感或服務上有不滿意的感受，也許你可從投機取巧中得到一些立即可得的短期利益，但事實上，顧客並沒有得到滿意的服務和成效，這將使美容師的人格和店譽直接產生毀損，這是極為不智的做法。

多觀察什麼人上門消費，多和客人聊他們對你的店的看法，而不是只談保養護膚的知識，如果能找出顧客來店消費的原因，隨時調整經營腳步，不斷為你的店找新產品，你就會找到出頭的機會。

很多業者只想問顧客：「你為什麼不來？」而忘了問：「你為什麼要來？」顧客上門的原因，大抵是你能超越他人的強項，如果能藉由店內小型的自我調查，發現自己的特色及長處，相信將可創造更佳的業績。促銷一定要先深入研究消費者的需求，所擬定的促銷方案力道要強到可以震撼消費者的心，如果一次力道不夠，再一點一點地加，效果是會大打折扣的。

促銷活動要有創意，要有足夠的優惠和利多，才易吸引顧客上門，但卻不可踰越擁有合理利潤的界限。可以以「買XX元送XX」，或是以集點換購，再者，即使是要送人的贈品，也要是好品質，這樣才能吸引平常你接觸不到的顧客上門，也才不會產生因為「不滿意配角，而否定主角」的憾事。

美容業者的經營心態，最主要不能過分追求利潤，初期至少有半年的過度期，心中一定要有把服務做到最好的決心，因為美容業口碑最為重要，顧客的感受是決定你生意好壞的重要關鍵，俗話說「好事不出門，壞事傳千里」，可不能掉以輕心。

美容業一般常用的促銷方式如下：

**1.減價**：例如護膚保養原價1500元的療程，現在只要999元。

**2.加量不加價**：例如保養課程買十堂贈三堂、買五堂贈一堂。

**3.聯合促銷**：指兩個或兩個以上的廠商結合在一起，共同執行一個促銷活動，最常見的就是「美容＋美髮」的聯合促銷活動，例如護膚贈洗髮券。但店家尋找合作對象非常重要，店家之間必須具有某種關聯性，例如消費顧客群的關聯性、商品的關聯性、或是消費需求的關聯性等。另外，最好是在同一消費商圈內，否則消費者很容易會因商圈距離太遠、交通不方便而放棄消費的機會，最終導致聯合促銷成效不佳。

聯合促銷推出後，必須追蹤各合作店家的促銷成果，並加以改進，成功的聯合促銷應該是一個多贏的結果，合作店家才能穩定維持聯合促銷關係。

**4.贈品**：例如護膚一次贈送洗面乳一瓶。

**5.抽獎、兌獎、紅利積點**：較常見於大型或是連鎖業者，要消費者人數足夠，推這些活動才會見成效。

**6.加價購**：例如護膚體驗價999元，加1元贈送頭皮SPA一次或是洗面乳一瓶。

**7.VIP**：有些高級的SPA會館，入會並繳交一定的費用後，可升級為VIP，享有較隱密或是具有尊榮感的服務，頗受金字塔頂層的顧客喜愛。

# 11-2 美容行銷秘笈

## 第一 vs 唯一

行銷制勝的秘訣，在於「唯一」而不是「第一」！

你了解自己的優缺點嗎？知道如何將它發揮嗎？我們應記取別人的長處，做為自己成功的砥石，但要記得保留原味，將你的「唯一」發揮到淋漓盡致，顧客就會為你帶來「第一」的成績。

看看很多「僅此一家，別無分號」的招牌，強調的也是「唯一」而不是「第一」。雖然整體營業額無法與大型連鎖店相提並論，但是其「單位獲利」也是大型連鎖店望塵莫及的。

## 顧客佔有率 vs 市場佔有率

你的顧客是「你的人」了嗎？

市場佔有率高低，已不再是店家獲利的保證，因為隨著競爭店家數增多，稀釋了變動不大的既有族群，展店速度遠遠超過消費者的需求比例。由於可選擇的對象多，同時也大大降低了消費者的忠誠度，以往以「開發新顧客」為主的經營策略，已被「提供最具價值的顧客更方便、更多元的產品與服務」所取代。這就是現今市場已從提高「顧客佔有率」著手，而非搶攻「市場佔有率」。

而「顧客佔有率」就是消費者日常在美容方面的開支你的店佔有多少？例如小美每個月在美容類的開支有5,000元，在你的店內花費就有

4500元，這樣你的店對小美的「顧客佔有率」就是90％，這樣小美就幾乎是「你的人」了。

而「市場佔有率」就是說你的總顧客佔有美容市場總顧客的百分比。例如某市接受護膚人口總共有5000人，來你的店消費的有500名，這樣你的「市場佔有率」就是10％。

提高「顧客佔有率」是比較積極的作法，只要你掌握你的顧客，知道他們要的是什麼？並提供物超所值的服務。而「市場佔有率」是屬於強消耗性商品所追求的，小小一家美容沙龍，致力於爭奪市場佔有率似乎非明智之舉。

因此店家與顧客的關係愈來愈受到重視，想與顧客維持長久的關係，店家就需對顧客偏好與需求有更進一步的瞭解，才能洞悉商機所在；而要進一步瞭解顧客的偏好與需求，就要對每一個顧客建立客製化、一對一服務，透過與顧客長期互動過程中所收集的顧客資訊，藉由統計分析找出消費顧客的偏好與真正需求。

建立客製化、一對一的顧客服務，除了可提高銷售的成功率外，更可進一步提供為顧客量身訂做的消費服務，如此一來，店家與顧客的關係就能向長遠邁進。

## 價格 vs 價值

當顧客沒有商品或服務的需求時，就算你免費送他東西，他可能也不要；反之，當顧客有需求，又覺得整體消費過程所獲得的價值感大於他購買商品或服務所付出的價錢時，這筆生意就會產生雙贏的結果。相對地，當顧客覺得整體消費過程所獲得的價值感小於他所付出的價錢時，則這筆生意就算失敗。

一般而言，顧客購買的動機是理性的。當顧客想購買一樣商品或服務時，至少考量、經過各種比較，以專業角度來分析，包括了立地力、商品力、賣場力、服務力、販賣力、促銷力、顧客力及資訊力等後所共同形成的「價值」，但顧客決定購買的消費時機點，卻常常是受到感性的牽引，因此想要得到顧客的青睞，就必須感動他們。

老闆們萬萬不可以為花大筆錢裝潢外觀，提供最好的商品、餐點或服務，就一定能贏得顧客的芳心。要想達成更高的成交率和銷售額，除應該在理性動機上下功夫，更應該在誘導顧客購買的情感動機上強化，使顧客心情愉快，感覺舒適便利，從而滿足其需求，才能贏得顧客的芳心。下列針對各種類型的消費者分析，以便你找出最好的感動模式：

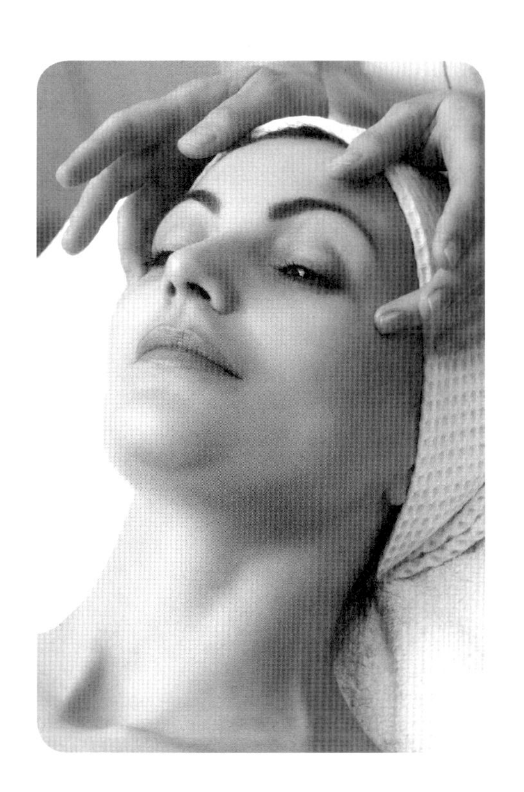

**1.價格型顧客：**這類型顧客特別重視成交價格的高低，特別是景氣越不佳就越多此類型顧客。這類型顧客特徵是在選擇商品時，往往會反覆比較、精算各種價格，對於這類型顧客，店員如能在談判價格

時，在適當時機對其有興趣的商品在價格上稍作讓步，滿足顧客的心理需求，該筆生意就易於成交。

2.**貪小便宜型顧客**：有一種是針對某些促銷或優惠商品而來的顧客，所以當你發覺顧客很在意促銷或是優惠商品，當他猶豫不決時，只要強調促銷優惠的好處，往往就會有所斬獲，是店家最容易成交的顧客。

3.**理性型顧客**：這類顧客不易受促銷、廣告宣傳及包裝等各種方式的影響，對所想購買的商品及服務會進行理智細膩地比較與選擇。對於這類型顧客，美容師的建議往往發揮不起作用，所以最好能搬出專業，分析各項商品及服務的優勢及缺陷所在，並十足耐心地等待顧客自己來決定，將更有助於成交；若是店員熱烈推薦，反而會引起理性購買顧客的反感及戒心，使成交機會降低。

4.**品牌型顧客**：有一些顧客對於某些商品或服務的特性十分信任或明顯偏愛，店家只要順其說法，就很容易完成交易。特徵是該類性顧客會直接詢問該商品或服務所在，不會花時間進行詳細質與量的比較與選擇，這類型顧客是大企業將經營目標著眼於長期品牌的建立與忠實顧客培養的主因。

# 附錄 經營百寶箱

## 1.新顧客不進來怎麼辦？

過去美容業的經營大多採用「守株待兔」的方式，也就是開了店之後，就被動的等待顧客自動送上門來，但在激烈競爭的情況下，消費者的注意力已經被各種訊息分散了，因此廣告的效益也不比從前。盲目的投入廣告戰爭，而無適當的後援支持，經營將會愈來愈困難。但若是化被動為主動，轉變成主動出擊式的經營法，則人力、時間將能較充份被利用，不但能提高經營效率，同時也降低了投資風險。這就是現在「行動美容」受到歡迎的主要原因。

美容業在台灣的發展已經非常成熟，大小規模的沙龍林立，但其中不乏沒有充份準備，便盲目跟進這場競爭的不專業沙龍，雖然投入大筆的廣告預算，但在其他軟硬體無法配合的狀況下，廣告效益低落，顧客不上門、或是接受了服務之後不滿意，無法造成再度消費及正面的口碑，當然導致慘遭出局的結果。

## 2.如何留住舊顧客？

在不少企管研究中均指出：開發一個新顧客的成本是保留一個舊顧客的五倍；一個不滿意的顧客，平均會把他的不滿轉告給8～10個人，而這些人中有20％會再轉告他人。如果以網路社群來估算，這些數字恐怕要改寫，而且影響的層面將更廣泛。但若能把顧客的抱怨及不滿意處理得當，有70％的不滿意顧客都會繼續光顧。若能當場解決，則95％的不滿意顧客會願意再上門。

不要害怕顧客的抱怨，反而應該感謝顧客指出缺失，這是提供沙龍改進和再次服務的好機會。而妥善處理客訴，也是強化顧客忠誠度的大好機會。因此，危機就是轉機，端看你怎麼處理。

無法留住顧客的沙龍，每年要浪費大筆行銷費用來開發新顧客，以彌補流失的顧客。美容是一種感覺的消費，女性消費者心思非常細膩，只要有任何的服務不周，都可能讓沙龍失去這個客人。要留住顧客，贏得顧客心，沒有什麼秘訣，就只是：每一次的服務都讓顧客覺得滿意。

想要知道每一次的服務是否都讓顧客覺得滿意，最直接的方法就是在每一次服務結束時問：「您感覺如何？我們要怎麼做才能做得更好？」這就是服務業有名的「白金之問」（platinum question）。最有效的顧客經營法，是跟顧客的互動所產生的，而不是在課堂上、書本上，或是猜出來的。

## 3.識人七法

**1.從這個人對於是非的判斷來瞭解其志向**：丟個爭議性的話題辯論，可以由此了解其心境是否正向、格局是否寬闊、是否迎逢拍馬、是否以單一角度斷章取義、或屬於一意孤行等。

**2.用一連串的追問來瞭解他的應變能力**：讓別人回答似是而非的問題，最容易看出對方的反應靈不靈敏，是否會容易說錯話，追問更能看出對方言語中是否能前後呼應，是倉皇失措還是冷靜應對，是沉穩回答亦或輕浮談笑。

**3.徵求其謀略意見來瞭解其專業能力**：指出店裡的現行策略，並請其提供意見，再視其反應來判斷是否具備店務所需之專業能力。

**4.通過從事複雜困難的工作來瞭解其膽識**：有些人只能逞口舌之

快，有些人徒具匹夫之勇。交付一些表面上看起來困難的工作，了解此人是否「有勇有謀」或者是「有勇無謀」，日後是否能託付重任。

**5.通過其酒醉後的表現來觀察其本性**：所謂「酒後吐真言」，有些人平日拘謹，但在酒精的催化、意識不清、解除壓力及意識的束縛之後，喋喋不休講個沒完，或是有的人對自己的控制力不夠，也不知自己飲酒的底限，不勝酒力地當眾出醜，這種屬於「帶不出門」的類型，說不定哪天你帶他拜訪顧客就出現這樣的尷尬局面，弄得場面難以收拾。

**6.給其以得到財物的機會來觀察其是否廉潔**：雖然小破財的損失不大，但當誘惑達到一定程度時，他就可能捲款潛逃，屆時不管如何亡羊補牢，都為時已晚，必然造成損失。廉潔是用人最重要的品格，比起什麼專業技能都還要重要。

**7.囑咐其辦事來證明他是否守信用**：考察一個人的信譽程度，可用放權的形式，並詢問其完成的時間，事情完成的時間是他自己定的，你所要做的是暗地裡觀察其工作態度，以考察他在約定時間未能完成任務時所言是否為託詞。

## 4.帕列托法則

顧客關係管理有一個著名的帕列托法則：「店家80％的營收是來自20％的主力顧客」，換句話說，20%的主力顧客貢獻你營業額的80％。因此你當然要對這些財神爺提供比一般顧客更好的服務，將店內的資源重新分配，將經營重心與資源留給這20%的重要顧客群。

這也就是有些店家會針對重要的顧客提供專屬、尊榮的VIP服務的原因。如果你不懂這顧客關係管理的80/20法則，或是沒有針對重度消費顧客提供使其產生高度滿意的貼心服務，那麼你再怎麼努力都將徒勞無功。

## 5.店面裝潢如何著手？

一般而言，裝潢是所有營業場所最大的開銷之一，動輒數十萬甚或數百萬的裝潢費，幾乎吃掉創業者的大半資金，尤其許多加盟體系，為了營造整體企業豪華的表象，卻害苦加盟主。

其實店面裝潢只要是符合實用、明亮、簡單、乾淨、動線通暢，且易於變動、轉手即可。租賃的房屋裝潢更需靈活運用，搬遷時可全部取走，盡量不要做帶不走的裝潢。

有些業主寧願不斷在裝修設備上砸大錢，他們相信「客人是因為裝潢設備和行銷而來」，至於店內一些服務缺失，他們總是抱持「客人不會因為這樣就不上門」的觀念，這正是許多美容業開店最常見的致命傷。殊不知，如果技巧不成熟又不夠專業，就算你擁有百萬設備和裝潢，客人還是不會買帳的。

店面最重要是以體現該公司文化為出發點，為顧客營造一個可以放鬆身心的環境即可。若是想要樹立專業、安全感與信賴感，可在店內陳列美容師的各種證照、證書，如果有參加比賽的獎盃、獎狀更佳，以及來此消費過的消費者見證（有些消費者非常重視這方面的資訊），這對店家樹立專業形象有加分作用。

## 6.過多的行銷宣傳只會嚇走顧客！

對於好不容易進門的顧客，許多美容師都不會輕易放過，不但熱情接待、介紹產品、推薦療程，但若顧客沒有意願進一步消費時，就馬上端出晚娘面孔伺候，搞得消費者要進入沙龍都要考慮再三。

美容師這種疲勞轟炸對於以休閒為主的顧客是很致命的錯誤，雖然體驗就是要顧客了解服務的內容，但是，有的顧客根本不在意皮膚白不白、粉刺多不多、黑斑淡不淡，她來店裡目的只是要休息。

其實，以「休閒」為主的潛在客群佔美容消費的很大部份。有的是家庭主婦趁先生上班、小孩上學時，外出放鬆一下；有的是家長接送小孩補習的空檔，不知上哪兒去時，就來沙龍放鬆一下；有的是粉領OL，下班之後犒賞自己放鬆一下。有太多只是想放鬆一下的顧客，你掌握了多少？如果你還沒有針對這些顧客設計專屬課程，那趕快去設計吧！

## 7.我適合經營美容事業嗎？

試著透過以下所列的問題自我了解，以便進一步確認自己的創業信念：

1.你對經營美容事業是否充滿熱情？只是想著得到美容業的獲利，並不能支撐你度過經營的艱辛。你是否準備打一場持久戰？一家美容沙龍必須長期耕耘才能有所得，絕非在一夜之間就能創造出奇蹟。你要認清創業之後，工作和生活將會是沒有休止的狀態，所以你必須非常熱愛你的美容事業，否則無以為繼。

2.為了獲得成功，你是否有承擔責任的心理準備？要「得到」之前，得先知道你必須「付出」什麼。你是否準備犧牲？創業需要投入大量的精力和時間，你是否有把握能放棄大部分的私人生活？

3.你願意自我犧牲來成就你的事業嗎？為了使美容沙龍成功發展，

經營者需要投入大部分（甚至全部）精力，美容沙龍的營業有時因為顧客的特殊狀況，會一直持續到深夜，甚至週末更是工作最繁忙的時候。

4.有什麼力量可以支撐你面對創業之初的各種挑戰？來自於家庭的愛、健全的自我意識，通常是最大的力量來源。

5.你有金主嗎？他們能產生足夠的經濟後盾嗎？在你發生危機時親朋好友是否會幫你度過難關？創業初期客人不上門怎麼辦？你的資金能支撐多久？這些問題你要經常問自己，並且有相當的把握。有很多事業的失敗並不是經營狀況不好，而是周轉不靈所致。創業過程中你必須有「金援」對象，這點非常重要。

6.你是否能忍耐事業和員工帶來的多重壓力？千萬別樂觀的認為員工天生就應該忠誠、合夥的雙方可以一直接受營業的虧損、打一次廣告顧客就會上門……，否則你一定會有某種程度的失望。做最好的準備與最壞的打算之後再開店，否則在開業後這些問題會亂了你的全盤規劃。

7.你能臨危不亂嗎？顧客越來越多（越少）、員工很難像你一樣敬業、生意突然出現低迷……，面對經營中可能出現的種種問題，你能指揮若定嗎？

8.你擁有成功的信心嗎？如果你的信心動搖，將會影響到所有員工，進而會影響到顧客。

9.你是否容易接受新觀點並迅速做出決定？一個經營者必須頭腦開放、靈活、機動，並且有能力對任何狀況做出適切的反應。墨守成規、從不做決策或拒絕傾聽他人意見，會阻礙美容沙龍的經營與發展，並影響自己在員工及顧客心中的形象。

10.你是否願意花時間分析問題並找出答案？無論你計劃得多麼周

密，無論你對員工多麼好、對顧客多無微不至，你還是不可避免地會遇到想像不到的困難和挫折，你要做好處理這類情況的心理準備。

11.你善於解決細節問題嗎？一個經營者除了抓大方向之外，還得對付各式各樣的小麻煩，包括馬桶不通、電燈不亮，此外，包括員工訓練、療程規畫、顧客千奇百怪的要求和問題，都是經營者的「例行工作」，你在規模大到有專人來處理這些小麻煩之前，你能夠好好的處理這些雜事嗎？

12.你是否有分析美容服務業前景的能力？如果沒有，你如何確信投入這個事業是正確的？你如何說服員工和你一起投入？

13.你是否能愈挫愈勇？錯誤和挫折是難免的，你能否在不退卻、不氣餒的同時吸取教訓，並鼓勵你的員工也成為樂於服務的人。自己是否樂觀，將影響到企業的發展前景。

14.你是否願意打開心門與他人合作？沒有任何一件事可以完全靠自己，而不需他人的協助。如果你想繼續開拓市場，增設幾家美容沙龍，誰來打理你現有的美容沙龍？員工嗎？其他合作者嗎？你必須有前進的規畫，但也必須保有後退的空間與彈性。

15.你是否樂於與人分享成功？以自我為中心、不知分享的人，無法成為一個好老闆。

16.你是否擁有將口頭承諾化為正規文件的能力？這將為你避免很多日後可能產生的爭議。

17.你能否充分分析合夥創業或獨資經營的利弊得失？從經營場所、店面、面積、成本等去分析，不如從自己的個性去決定合夥或獨資的經營模式。若你是自主性極高的人，只因為缺乏資金要找人入股的話，不如以借貸的方式來擁有事業完整的主權，也可避免日後在經營上的爭執。

18.在得到外在支援之前，你能獨立做好教育訓練的工作嗎？美容技術培訓如何執行？有沒有進修的管道？員工是自己教育還是委外執行，必須先有腹案。

19.你是否適合加盟連鎖事業？加盟連鎖經營是現代美容發展的主流趨勢，對於無法自行規劃營運方針及細節的業者是很好的一條途徑，唯需慎選加盟對象。

## 8.什麼是養生型美容沙龍？

隨著市場需求及亞健康狀態人群增加，美容與養生的結合與運用，已然成為一種趨勢，使「養生美容」逐漸成為一種流行時尚。

置身美容業必須要明白美容與養生的互為因果，有了內在健康的身體，才會外顯美麗的容顏，這樣的觀念才是美容及養生事業經營成功的關鍵所在。所以，美容沙龍轉型為深入美容與養生並重的領域，會給經營者帶來更大的發展空間。

大多數美容業產品、療程觀念，還是停留在傳統美容護膚與指油壓的階段，有些美容師習慣了面部護理，或根本只是「會做臉」而已，因此拒絕做身體療程。其實，現下消費者到美容沙龍進行消費，除了要求美容效果外，還想要滿足心理上或精神層面的需求，比如舒壓、緩解疲勞及情緒等。美容沙龍勢必要加入一定程度的養生元素，因為美容和養生是分不開的，任何的美容問題（比如黑斑、青春痘等），大多是由體內的不平衡所導致，傳統的美容僅是停留在表面護理，成效有限。因此，專業的養生療程將大大提高美容沙龍的專業水平與競爭力的深度。

## 9.修改定價心理感受的小小技巧

業者若能運用一些小小的定價技巧，對價格進行微調，不但不影響獲利，還可以造成消費者心裡感受的差異，不妨參考。

**1.化整為零法**：採用將零頭湊為整數的方法，制定出「整數」價格。捨棄999尾數法，將價格定為1000、2000、5000元的整數，此法適合高檔路線的美容沙龍，或是列在價格表中的「標準訂價」，以滿足消費者的高消費心理，並且利於日後折扣的計算。

**2.尾數定價法**：與上述方式相反，保留價格尾數，採用零頭標價。例如訂為998、999元，而不是1000元。這種方式適合以平價做為號召的沙龍，或是做為某促銷活動的價格。

**3.「價值」定價法**：針對「好貨不便宜」的消費心理，對於期望在消費者心中留下「高檔」印象，或是已具有信譽及市場口碑、或是以品牌為經營路線的業者，建議制訂較高價格，一方面也保有日後辦活動及折扣的空間。

**4.「系列」定價法**：又稱為「無法計算單價」的訂價法，一方面可以有「整套購買較便宜」的感覺，另方面又能擴大消費量及金額，而且不會傷害到任何一項單品的價格（因為整套搭配，難以單樣計算）。店家可以將熱門及冷門的商品或療程，交叉搭配做促銷，不但出清庫存、拉高營業額、帶動療程體驗，也讓消費者撿到便宜、增加消費量、擴大消費範圍，是一個兩全其美的好方法。

一個好的價格方案能讓沙龍獲取目標利潤，但無論採取什麼定價方式，業者應靈活採用，並嘗試不同導向的定價方法及技巧，才能從中得知市場反應與經驗。

## 10.開幕宣傳活動的媒體選擇

### ■報紙

報紙廣告的特點主要是讀者廣泛、表達力強，可以將訊息快速地傳達給消費者，效果快速、反應直接。

確定了報紙為開幕活動的宣傳媒體之後，首先要決定選擇哪一類的報紙？接下來釐清下列這幾個問題，這將決定廣告的影響力。

1.**目標顧客**：你的美容沙龍希望前來消費的顧客是誰呢？他們住在哪兒？從事什麼工作？收入與社經地位如何？有什麼美容偏好？要明確分析出誰是你的目標消費者，才能夠使用最貼近的語言和文字吸引他們前來。

2.**主要內容**：開業的廣告宣傳首要著重開業時間、店家的特色、服務項目等；此外，亦可塑造美容沙龍形象及相關的促銷活動。

3.**最佳時機**：什麼時候開始做報紙廣告？選擇日報者可在開業前半個月開始，而周報則宜在開業前一個月就要進行。

### ■電台

廣告可強調開業慶祝活動的相關資訊，著重氣氛的營造，並以開業促銷的優惠吸引聽眾的注意，在陳述的過程中，要盡可能傳達完備的資訊，美容沙龍的名稱、地點、電話號碼等是不可或缺的要項，清楚表達、簡潔有力是最好的方式。

在開業前，若能就沙龍的專業，安排訪問或是相關節目的製作，設

計與聽眾互動的活動，比如call in就贈送折扣券或是有獎徵答等，之後再銜接廣告，會創造出比單純廣告還要好的效果。

■電視

電視無疑是最具威力的傳播媒介，因為它能結合聲音、圖像等訊息，以極具感染性，長觸角、強力傳送等方式送到觀眾面前。它好用，但非常昂貴，以區域性的美容沙龍而言，在電視刊登廣告有點不切實際，但是播放區域相對狹小的地方台，如縣、市電視台等，收費相對低廉，美容沙龍不妨可以考慮。

■DM

運用DM只需寫一封開業慶典及開業促銷內容的信，將它郵寄到某些經過篩選的顧客，既有效又省錢，可以提高你現有顧客的注意（指舊店家做促銷活動而言），並向外延伸新的潛在顧客。通過現有顧客的介紹或其他公司的顧客資料，便可收集這些潛在顧客的名單及住址。

DM廣告成本相對低廉，所需的支付只是廣告單的印刷費和郵費。由於這是一種目標鎖定的傳播法，因此所獲得的回應是可以預期的，但廣告內容必須要能針對顧客所需，同時要把美容沙龍的名稱、地址、電話、開業及促銷活動時間、營業項目及營業時間等必要資訊詳列於廣告上。

### 其他廣告媒體

1.**店頭海報以及布條**：張貼於牆壁或懸掛於美容沙龍門前，在開業前幾天即可將開業訊息及開業促銷活動張貼於美容沙龍門前。

2.**社區告示板**：社區告示板成本非常低廉，甚至是不需耗費成本，沙龍可將開業慶典及促銷活動張貼於社區告示板內，讓開業訊息輕易送到社區潛在顧客面前。

3.**派發DM或面紙包**：在開業前一周就可進行，主要內容設計為開業慶典活動及開業後的促銷活動。

## 11.需不需要花大錢打響沙龍名號？

有些店家會將顧客不上門、上了門不消費的帳，算在「知名度不夠」的頭上，於是接受媒體的洗腦、狂灑鈔票在廣告上，這些老闆們認為知名度就是一切企業賴以生存的根本。

其實，顧客不在乎你是誰，除非你有他們要的東西。與其要虛擲千金在廣告知名度上，不如把經費用在顧客的使用說明、延伸的周邊商品及優良的顧客服務上，顧客推薦朋友的一句話，勝過你花數百萬元甚至數千萬元的廣告費。況且，你的消費者是誰？是適合灑下大量廣告的事業嗎？如果定位不明確，就算坐擁數千億的資產也會揮霍殆盡。廣告，是無底黑洞。

## 12.傾聽消費者的心聲

開業前，請參考以下消費者的真實心聲，也許不夠全面，但可供業者借鏡：

**1.訂價不合理**：有的療程訂價數千元，但活動價或體驗價才數百元，這落差未免太大了？

**2.店家趁機推銷不需要的療程及保養品**：除非有超強意志力或是不帶卡及太多現金，否則不敢走進陌生（沒有人介紹）的美容沙龍。

**3.收費不夠透明化**：相同的療程，學生和社會人士的收費可能就不同。其實，社會人士的經濟條件不一定比學生好，有錢的學生到處有。

**4.一年到頭都有不同名目的促銷活動**：舉辦促銷活動時，總是逼迫消費者馬上做決定，讓人壓力很大。

**5.技術的專業程度無從認證**：有乙丙級執照的美容師做起來不一定舒服，經驗也讓人有疑慮，且看不懂的國外證照對消費者而言，更不具意義。

**6.美容儀器及產品的專業性及安全性**：消費者無從判斷，再多的吹噓也是枉然。

如果業者能站在消費者的立場看問題，就比較容易擄獲消費者的芳心。你是否能從中得到一點啟發？

## 13.內部顧客、內部行銷、互動行銷是指什麼？

內部顧客指的是公司的員工；內部行銷則是指公司將員工視為內部市場來經營，透過行政幕僚的服務，將公司對員工的關懷行銷給內部員工；員工若能打從心底接受公司服務，將更樂意提供高品質的服務給消費者，並建立良好的互動關係，此即為「互動行銷」。

# 參考文獻

1.余秋慧（2006）美容服務業的競爭策略分析——以A公司為例。

2.Jim Collins著，齊若蘭譯（2002）。《從A到A＋》。台北：遠流。

3.Christian Gronrooss著，潘成滿譯（2003）。《服務業管理與行銷》。台北：普林斯頓。

4.Christopher H. Lovelock著，周逸衡譯（1999）。《服務業行銷》。台北：華泰。

5.W. Chan Kim、Renee Mauborgne著，黃秀媛譯（2005）。《藍海策略》。台北：天下。

6.李秀蓮、周金貴（1995）。《美容概論》。台北：儒林。

7.ELLE雜誌（2006）。《春日能量SPA》。

8.ELLE雜誌（2006）。《醫生品牌，比較有效嗎？》

9.藍佩嘉（1998）。《銷售女體，女體勞動：百貨專櫃化妝品女銷售員的身體勞動。》台灣社會學研究第二期，頁47-81。

Intelligence 03

# 美容沙龍創業一本通

金塊文化

作　　者：余秋慧
發 行 人：王志強
總 編 輯：余素珠
美術編輯：JOHN平面設計工作室

出 版 社：金塊文化事業有限公司
地　　址：新北市新莊區立信三街35巷2號12樓
電　　話：02-2276-8940
傳　　真：02-2276-3425
E-mail：nuggetsculture@yahoo.com.tw

劃撥帳號：50138199
戶　　名：金塊文化事業有限公司

總 經 銷：商流文化事業有限公司
電　　話：02-2228-8841
印　　刷：群鋒印刷
初版一刷：2011年7月
定　　價：新台幣260元

ISBN：978-986-87380-0-3（平裝）
如有缺頁或破損，請寄回更換

團體訂購另有優待，請電洽或傳真

國家圖書館出版品預行編目資料

美容沙龍創業一本通／余秋慧作.——初版.
——新北市：金塊文化，2011. 07
面；　公分. ——（Intelligence；3）
ISBN 978-986-87380-0-3（平裝）
1.美容業　2.創業
489.12　　　100012007

感謝圖片提供：黛寶拉股份有限公司、娃娃風采美妍美體機構基隆明德店

金塊文化

金塊文化

金塊文化

金塊文化